우리전통의 뿌리깊은 맛

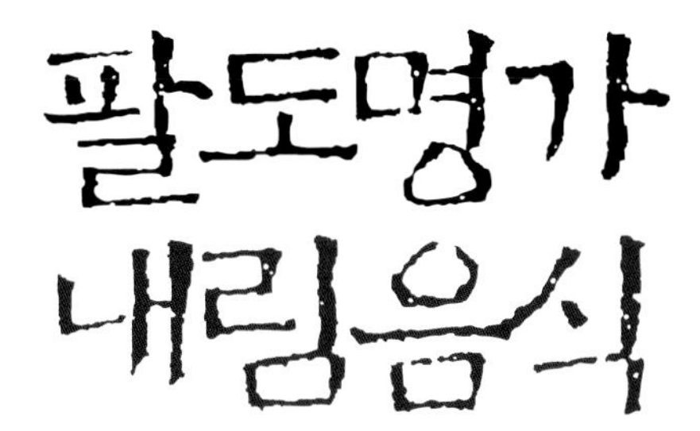

윤숙자 · 권영미 · 김남희 · 김순연 · 김희연 · 나계진 · 민유홍
박명자 · 오인숙 · 오정선 · 이명숙 · 이영순 · 장영해 · 천재우

「팔도명가 내림음식」을 펴내면서

우리 조상들이 쌓아 온 경험과 지혜의 산물인 한국전통음식을 연구 · 개발하고 널리 알리기 위해 설립된 (사)한국전통음식연구소가 올해로 설립 15주년을 맞이하였습니다. 한국음식의 대중화와 세계화라는 희망의 나무를 키우기 위해 15년이란 세월 동안 열정적으로 달려왔습니다. 그리고 그 과정에서 많은 사람들을 만나고 아름답고 소중한 인연을 이어왔습니다.

이 책도 한국전통음식연구소가 맺어준 소중한 만남의 결과물이라 할 수 있습니다. 사라져 가는 우리 음식을 찾아내고 지키기 위해 각 지방과 집안에 전해져 오는 내림음식을 연구하던 차에, 팔도의 명가에서 뜻을 함께 한 분들이 모임을 만들게 되었습니다.

2008년에 1차로 지금은 명인이 되신 김왕자 선생님을 비롯하여, 김영희 선생님, 김덕녀 선생님, 박수분 선생님, 박순애 선생님, 신봉금 선생님, 윤왕순 선생님, 이연순 선생님, 정은수 선생님, 조현선 선생님과 「8도의 반가 · 명가 내림음식」을 펴냈으며 2011년에 김동희 선생님, 김명희 선생님, 김정미 선생님, 김정숙 선생님, 신말숙 선생님, 안은주 선생님, 이상균 선생님, 장준기 선생님, 정화숙 선생님과 2차 「팔도명가 내림음식」을 펴내게 되었습니다. 그리고 2년이 지난 2013년 12월에 3차 「팔도명가 내림음식」을 펴내게 되었습니다. 서로 바쁘고 어려운 일정 속에서 한국전통음식연구소라는 공간에서 만나 함께 연구하고 땀 흘리며 이루어 낸 성과물입니다.

음식이라는 것이 얼마나 소중한지요? 각자의 어린시절 집안에서 먹어온 음식을 통해 우리 조상들이 드셨던 음식들을 비교해보고, 잊혀지고 있던 우리 한국의 음식문화를 되돌아보는 시간들은 '한국전통음식'이라는 한식의 DNA를 발견하여 추억과 기억속의 맛을 현재로 불러내는 일이었습니다.

이 책은 전국 팔도의 명가(名家)에서 전해오는 내림음식의 비법과 음식에 관한 이야기를 다루고 있습니다. 저를 비롯한 13명의 필자가 각 집안에 전해져 오는 내림음식 140여 가지의 만드는 방법과 유래, 이야기 등을 상세하게 다루고 있습니다.

여기에 실린 음식들은 화려하지 않으나 격조가 있으며, 각 집안의 특색이 그대로 살아 있어 저마다 개성이 넘치는 음식들입니다. 또한 정갈하고 맛깔스러우며 재료 고유의 맛과 향기가 살아 있습니다. 음식을 만드는 과정 어느 곳에서도 소홀할 수 없이 손이 많이 가고 준비하는 이의 정성과 수고가 깃들어져 있습니다.

사라져가는 우리 전통음식의 보존과 계승을 위해 아직도 할 일이 많이 남아 있음을 다시금 깨닫는 계기가 되었습니다. 준비하면서 시간과 공간의 제약으로 여러모로 아쉬운 점이 많았지만, 부족한 줄 알면서도 책으로 엮고 아쉬움은 다음을 기약하기로 하였습니다.

3번째 「팔도명가 내림음식」책을 함께 만든 경기도 강화 권영미 선생님, 충청도 청주 김남희 선생님, 전라도 해남 김순연 선생님, 평안도 김희연 선생님, 충청도 광천 나계진 선생님, 서울 민유홍 선생님, 충청도 서산 박명자 선생님, 경상도 오인숙 선생님, 평안도 평양 오정선 선생님, 충청도 서천 이명숙 선생님, 경기도 용인 이영순 선생님, 경상도 대구 장영해 선생님, 충청도 보령 천재우 선생님 모두 수고 많았습니다. 우리 그리고 함께 같은 길을 묵묵히 걸었고, 하나라는 이름의 책을 출간하게 된 것에 대하여 큰 기쁨을 느낍니다.

끝으로 이 책이 나오기까지 정성과 열정을 함께 쏟아준 모든 분들께 고마움을 전합니다. 각 집안마다 음식을 조사하고 선별하는 과정을 함께 해 주신 (사)한국전통음식연구소 이명숙 원장님을 비롯한 연구원 선생님들, 출판을 맡아주신 백산출판사 진욱상 사장님, 늘 좋은 사진을 위해 애쓰신 백경호 님에게 감사의 말씀을 드립니다.

2013년 마지막달에

(사)한국전통음식연구소장 윤숙자

차례

우리전통의 뿌리깊은 맛

팔도명가 내림음식

경기도 강화 권영미 선생댁

충청도 청주 김남희 선생댁

전라도 해남 김순연 선생댁

평안도 김희연 선생댁

충청도 광천 나계진 선생댁

서울 민유홍 선생댁

충청도 서산 박명자 선생댁

경상도 오인숙 선생댁

평안도 평양 오정선 선생댁

충청도 서천 이명숙 선생댁

경기도 용인 이영순 선생댁

경상도 대구 장영해 선생댁

충청도 보령 천재우 선생댁

떡카페 질시루

우리전통의 뿌리깊은 맛

팔도명가 내림음식

윤숙자·권영미·김남희·김순연·김희연·나계진·민유홍
박명자·오인숙·오정선·이명숙·이영순·장영해·천재우

경기도 개성

윤숙자 선생댁

윤숙자

(사)한국전통음식연구소장, 이학박사
(사)대한민국전통음식총연합회장
떡박물관 관장

- 대한민국 명장(조리부문) 심사위원
- 대한민국 전통식품 명인 심사위원(농림축산식품부)

- 숙명여자대학교 대학원 식품영양학과 석사
- 단국대학교 대학원 식품영양학과 박사
- 배화여자대학 전통조리학과 교수 역임
- 전국대학조리학과 교수협의회 회장 역임

- 2003 동경식품박람회 홍보관 운영
- 2007 뉴욕 UN본부 한국음식페스티벌 주최
- 2007 남북 정상회담 만찬 자문 위원
- 2007~2012 국경일 한식축제 만찬 운영
  (일본, 중국, 태국, 베트남, 프랑스, 영국, 아르헨티나, 헝가리, 사우디아라비아, 이란, 이스라엘)
- 2007 한국농식품수출기여 대통령훈장 수여 『철탑산업훈장』
- 2007 한국 농 · 식품 홍보대사
- 2006~2008 한국음식조리법 표준화 연구개발사업
- 2007~2008 「국외 한식당 문화적 고품격화 사업」(일본, 중국, 베트남, 홍콩, 미국L.A, 뉴욕)
- 2009~2011 영국런던템즈페스티발 축제운영
- 2010~2011 한식 Star Chef 양성교육
- 2011 해외 7개국 한식조리사 up grade 교육 진행
- 2010~2013 해외 한식당 종사자교육
  (런던, 파리, 뉴욕, 영국, 동경, 연변, 인도네시아, 뉴질랜드, 미국L.A , 뉴욕)

전통은 반드시 지켜가야 할 우리의 문화유산이다. 음식도 마찬가지이다. 그러나 시대가 변하는 동안 사람도 변하고 입맛이 바뀌었다. 급속한 산업화와 도시화로 인한 생활양식의 변화 속에서 우리의 전통음식과 우리 조상들의 정성이 사라지고 있다.

나의 고향은 개성이다. 종갓집 맏며느리셨던 나의 어머니는 집안의 각종 대소사로 늘 음식준비에 바쁘셨다. 나는 엿을 고으고, 떡을 만들고, 각종 음식냄새로 가득한 종갓집에서 유년시절을 자연스럽게 보냈다. 어린시절 집안의 가풍이 자연스럽게 전해져, 음식에 대한 남다른 열정과 호기심으로 한국음식을 배우고 익혔으며 그러다보니 어렸을 때부터 음식에 대해 가졌던 작은 호기심이 지금의 나를 만들었고, 대학에서 궁중음식, 한국전통음식을 전공하면서 대학강단에서 "전통조리학과" 교수로 재직하면서 전통음식을 통해 우리 선조들의 지혜와 슬기, 그리고 음식을 만드는 아름다운 마음가짐을 제자들에게 널리 가르치는 일을 하였다.

전통은 반드시 지켜가야 할 우리의 문화유산이다. 음식도 마찬가지이다. 그러나 시대가 변하는 동안 사람도 변하고 입맛이 바뀌었다. 급속한 산업화와 도시화로 인한 생활양식의 변화 속에서 우리의 전통음식과 우리 조상들의 정성이 사라지고 있다. 그래서 나는 오래 전 옛문헌인 1400년대 식료찬료를 시작으로 1500년대 수운잡방, 1600년대 요록, 1700년대 증보산림경제, 1800년대 규합총서, 1900년대 조선요리제법 등 고조리서(古調理書)의 기록을 찾아내어 전통음식의 역사와 의미를 찾고, 현재 설 자리를 잃어 가고 있는 음식을 발굴하는 작업을 진행하게 되었고, 지금도 진행하고 있다. 이는 전통음식에 생명을 불어넣는 작업으로 누군가는 이를 지속적으로 계승하고 발전해나가야 하는 작업이라는 생각에서이다.

어린시절을 개성에서 보낸 나의 집안은 종갓집인데 집안 넓은 대청마루와 마당을 늘 집안의 대소사와 손님 접대로 음식을 만드느라 분주하였다. 어머니는 워낙 손이 야무지고 음식솜씨가 뛰어나 종갓집의 큰살림을 어려움 없이 해내셨고 나에게 30여년간 음식의 큰 스승이 되신 분이다. 어머니는 항상 우리 전통음식의 멋과 운치, 그리고 음식을 만드는 이의 마음가짐과 정성뿐만 아니라 먹는 이를 배려하는 마음을 갖도록 늘 일깨워 주셨다.

지금 어머님은 돌아가셨지만 어머니가 해주시던 말씀…
"파, 마늘 곱게 다져라, 먹는 사람을 생각해서 정성껏 만들어라" 하시던 말씀이 귀에 쟁하고 들리는 듯하다.

경기도 개성 윤숙자 선생댁

고사리죽

재료 및 분량

멥쌀 135g($\frac{3}{4}$컵)
불린 고사리 80g, 쇠고기(우둔) 50g
양념장 : 간장 $\frac{1}{2}$작은술, 다진 파 $\frac{1}{2}$작은술, 다진 마늘 $\frac{1}{4}$작은술, 참기름 $\frac{1}{2}$작은술
물 1.5kg(7$\frac{1}{2}$컵), 참기름 $\frac{1}{2}$작은술
된장 $\frac{1}{2}$큰술, 소금 $\frac{1}{2}$작은술

만드는 법

1. 멥쌀은 깨끗이 씻어 일어서 물에 2시간 정도 불리고 체에 밭쳐 10분 정도 물기를 뺀다
2. 불린 고사리는 질긴 부분은 잘라 내고 깨끗이 씻어서, 길이 3cm 정도로 썰어 양념장의 ½량을 넣고 양념한다.
3. 쇠고기는 면보로 핏물을 닦고, 길이 4cm, 폭 · 두께 0.2cm 정도로 채 썰어 나머지 양념장을 넣고 양념한다.
4. 냄비를 달구어 참기름을 두르고 양념한 쇠고기와 고사리를 넣고 중불에서 2분 정도 볶다가 불린 멥쌀과 물을 붓고 센불에 올려 끓인다.
5. 죽이 끓으면 중불로 낮추어 뚜껑을 덮고, 가끔 저으면서 20분 정도 끓이다가, 약불로 낮추어 20분 정도 더 끓인다. 죽이 어우러지면 된장과 소금으로 간을 맞추고, 2분 정도 더 끓인다.

Tip

- 충분히 불려 지지 않은 고사리는 다시 삶아서 사용해야 한다.
- 죽은 뜨거우므로 공접시에 덜어 먹도록 뜨거운 죽 옆에는 항상 빈그릇을 함께 놓는다.
- 봄에 나오는 햇고사리가 연하고 맛이 있으며 씹는 질감과 맛이 쇠고기와 같다.

고사리죽은 고사리와 쇠고기를 넣고 된장으로 간을 해서 끓인 죽이다. 옛말에 '이산 저산 높다해도 보릿고개 넘기가 그 중 힘들더라'라는 말이 있듯이 아무리 먹거리가 풍부한 개성이지만 보릿고개는 피할 수 없었다. 지금은 쇠고기를 넣지만 옛날에는 봄에 나는 연한 고사리를 뜯어다가 조갯살을 넣고 끓이기도 하였다. 봄에 나는 연한 고사리는 쇠고기처럼 쫄깃하고 연하여 쇠고기 넣은 것과 같은 맛을 내준다. 속설에 고사리는 남자의 양기를 없애는 소양제(消陽劑)라 하여 남자들은 먹기를 기피하는데 이는 '시앗 시샘에 고사리죽'이라는 말이 있어 시앗을 본 남편이 하도 미워 남편의 양기를 죽이려고 매일 고사리죽을 쑤어 먹였다는 데서 비롯한 이야기라 한다.
매일 먹지 않고 가끔 끓여먹는 고사리죽은 바람직하다.

경기도 개성 윤숙자 선생댁

개성식게장비빔밥

재료 및 분량

멥쌀 450g(2$\frac{1}{2}$컵), 물 3컵
꽃게 250g(1마리), 소금 $\frac{1}{4}$작은술
양념장 : 간장 1큰술, 청장 1큰술, 설탕 $\frac{1}{2}$큰술, 물 2큰술
양념 : 고운고춧가루 1큰술, 다진 마늘 $\frac{1}{4}$큰술, 다진 생강 $\frac{1}{2}$작은술, 통깨 $\frac{1}{2}$큰술
홍고추 $\frac{1}{2}$개, 영양부추 50g, 양파 $\frac{1}{4}$개
참기름 1큰술

만드는 법

❶ 멥쌀은 깨끗이 씻어 일어서 물에 30분 정도 불리고 체에 밭쳐 10분 정도 물기를 빼고 밥을 고슬고슬하게 지어 놓는다.

❷ 꽃게는 솔로 깨끗이 씻어서 게 등딱지와 몸통을 분리하고 몸통의 살과 내장은 발라내서 소금을 뿌린다.

❸ 냄비에 양념장을 넣고 센불에 1분 정도 끓여 식힌다. 끓여 식힌 양념장에 양념과 게살, 내장을 넣고 게장을 만든다.

❹ 청·홍고추는 씻어서 길이로 반을 잘라 씨와 속을 떼어 내고 채 썬다. 영양부추는 다듬어서 깨끗이 씻고 길이 3㎝ 정도로 썬다. 양파는 다듬어서 깨끗이 씻고 두께 0.2㎝ 정도로 채 썰어 찬물에 헹구어 물기를 뺀다.

❺ 그릇에 밥을 담고 게장과 썰어 놓은 청 · 홍고추, 영양부추, 양파, 참기름을 올린다.

Tip

- 1인분 꽃게장의 알맞은 양은 35g 정도이다.
- 만들어 바로 먹을 수 있으며, 1~2일 정도 냉장 숙성시키면 맛이 더욱 깊다.
- 기호에 맞는 다른 채소를 곁들여 내도 좋다.
- 비빔밥에 올리는 꽃게장은 기호에 따라 볶아서 올리기도 한다.

개성식게장비빔밥의 게는 살아있는 싱싱한 꽃게의 살만 발라 양념하여 만든 젓갈을 채소와 함께 밥에 올려 비벼먹는 음식이다. 개성식게장은 보통 꽃게장과 달리 살과 내장만 발라 짜지 않게 갖은 양념하여 만든 젓갈로 밥반찬으로 즐겨 먹는 음식이다. 친정어머니는 게장을 자주 해 주셨다. 살아있는 꽃게로 게장을 만들었기 때문에 달고 맛있다. 너무 맛이 있어서 시집을 와서 게장을 담구었더니 시댁 식구들은 날것을 잡수지 않아 냄비에 물을 조금 넣고 끓여 드렸다. 꽃게는 한자로는 해(蟹), 한글로는 '궤'라 하며, 암게는 9월에 맛이 있고 숫게는 10월에 가장 맛이 좋다고 하여 '구자십웅(口子十雄)'이라 한다.

경기도 개성 윤숙자 선생댁

김치말이국수

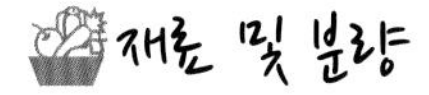

쇠고기(양지) 300g, 물 1.4kg(7컵), **향채 :** 파 20g, 마늘 10g, 배추김치 120g, 참기름 $\frac{1}{2}$작은술
오이 70g, 국수 300g, 삶는 물 2kg(10컵), 끓을 때 붓는 물 200g(1컵)
양념 : 김칫국물 $\frac{1}{2}$컵, 소금 1큰술, 설탕 1$\frac{1}{2}$큰술, 다진 마늘 2작은술, 참기름 2작은술, 통깨 1작은술, 식초 2큰술
달걀 2개, 육수 1kg(5컵), 소금 1작은술

만드는 법

❶ 냄비에 핏물을 뺀 쇠고기와 물을 붓고, 센불에서 끓으면 중불로 낮추어 30분 정도 끓이다가 향채를 넣고 30분 정도 더 끓인다. 국물이 식으면 면보에 걸러 육수를 만든 다음 김칫국물과 양념을 넣고 국수국물을 만든다.

❷ 배추김치는 속을 털어내고 길이로 반을 잘라 폭 1cm 정도로 썰어서 ¼량은 참기름을 넣고 무쳐서 고명을 만든다. 오이는 소금으로 비벼 깨끗이 씻어 길이 5cm, 폭 0.3cm 정도로 어슷 썰고 두께 0.3cm 정도로 채 썰어 물에 담가 건진다.

❸ 냄비에 물이 끓으면 국수를 넣고 1분 정도 삶다가 끓어오르면 100g(½컵)의 물을 붓고 다시 1분간 두었다가 끓어오르면 100g(½컵)을 더 붓고 30초 정도 더 끓여 물에 헹구고 사리를 만들어서 채반에 올려 물기를 뺀다.

❹ 냄비에 달걀과 물, 소금을 넣고 센불에 올려 끓으면 중불로 낮추어 12분 정도 삶는다. 삶은 달걀은 찬물에 담갔다가 건져서 껍질을 벗기고 길이로 2등분 한다.

❺ 그릇에 국수를 담고 국수국물을 붓고 김치와 달걀, 오이를 얹는다.

Tip

- 쇠고기 육수 대신에 동치미 국물을 사용하기도 한다.
- 김치의 신맛에 따라 식초를 가감하기도 한다.
- 잘 익은 김치를 사용해야 김치말이 국수가 시원하고 맛이 있다.
- 예전에는 소면대신 메밀국수를 사용하기도 하였다.

김치말이국수는 쇠고기 육수에 잘 익은 김치와 김칫국물을 섞고 국수를 넣어 말아 먹는 음식이다. 개성지방은 김치의 간을 슴슴하게 하고 국물을 넉넉히 부어 담는 것이 특징으로 요즘에는 여름에 즐겨 먹는 음식이지만 개성에서는 겨울밤 출출할 때 살얼음이 살짝 낀 김칫국물에 말아 먹는 음식이다. 개성 친정어머니는 김지 항아리에 늘 김칫국물을 넉넉히 준비해 놓으셨다. 김치를 담을 때 국물을 넉넉히 붓기 때문에 김칫국물을 한 바가지 퍼서 우물물을 넣고 섞어 간을 맞추면 맛있는 국수국물이 된다. 잘 익은 배추김치를 송송 썰어 아삭하게 씹히는 맛이 좋으며 시원한 김칫국물에 부드러운 밀국수를 넣어 먹으니 별미 중에 별미 음식이다.

오늘 돌아가신 어머니 생각이 간절하다.

경기도 개성 윤숙자 선생댁

이북식 도라지탕

재료 및 분량

껍질 벗긴 도라지 150g, 소금 2작은술
황기 10g, 닭 300g(⅓마리), 물 8컵, **향채 :** 파 20g, 마늘 10g, 생강 10g
느타리버섯 30g, 청고추 1개, 홍고추 ½개
물 3컵, 소금 ¼작은술
양념장 : 청장 1작은술, 소금 ½작은술, 다진파 ½큰술, 다진마늘 1작은술
후춧가루 ⅛작은술, 참기름 1작은술, 녹두 녹말 2큰술, 소금 ½작은술

만드는 법

1. 도라지는 소금으로 주물러 10분 정도 둔 다음 물에 헹군다. 황기는 씻어서 2시간 정도 물에 불린다. 냄비에 황기와 황기 불린 물을 붓고 센불에 올려 끓으면 중불로 낮추어 30분 정도 끓인 다음 체에 내려 황기물을 만든다.
2. 청·홍고추는 씻어서 길이로 반을 잘라 씨와 속을 떼어 내고 길이 3㎝, 폭·두께 0.2㎝ 정도로 채 썬다. 느타리버섯은 씻는다. 닭은 내장과 기름을 떼어 내고 깨끗이 씻는다.
3. 냄비에 닭과 황기, 삶은 물을 붓고 센불에 올려 끓으면 중불로 낮추어 10분 정도 끓이다가 향채를 넣고 20분 정도 더 끓인다. 닭고기는 건져서 살만 발라 길이 5㎝ 폭·두께 0.5㎝ 정도로 찢고, 양념장의 ½량을 넣어 양념하고, 국물은 식혀서 면보에 걸러 육수를 만든다.
4. 냄비에 물을 붓고 센불에 올려 끓으면 소금을 넣고 도라지와 느타리버섯을 넣고 각각 30초 정도 데친 다음 체에 밭쳐 물기를 빼고, 나머지 양념장의 ½량을 넣고 양념한다. 도라지와 닭살, 느타리버섯에 녹말을 고루 묻힌다.
5. 냄비에 육수를 붓고 센불에 올려 끓으면 중불로 낮추고 도라지, 닭살, 느타리버섯을 넣고 2분 정도 끓인 다음 청·홍고추와 소금을 넣고 간을 맞추어 2분 정도 더 끓인다.

- 굵은 도라지는 심이 있어 질리므로 중간 굵기가 좋다.
- 도라지가 너무 쓰거나 아린맛이 나면 소금을 넣고 바락바락 주물러 쓴맛을 빼거나 소금물에 데쳐서 사용하기도 한다.
- 녹두 녹말 대신 동부 녹말을 사용하기도 한다.
- 닭살과 도라지, 느타리버섯을 육수에 넣고 중불에서 끓여야 국물이 맑다.

도라지를 먹기 좋게 손질하여 황기물에 닭을 삶고 버섯과 함께 녹말을 묻혀서 닭육수에 넣고 끓인 음식이다. 예로부터 '일(一) 인삼, 이(二) 더덕, 삼(三) 도라지'라는 말이 있듯이 도라지는 생김새뿐만 아니라 약효가 인삼과 비슷하여 음식뿐만 아니라 약으로도 즐겨 먹었다. 도라지는 주로 2~3년 정도 자란 뿌리를 먹지만 잎과 줄기는 끓는 물에 살짝 데쳐서 나물로 무쳐 먹기도 한다. 어머니는 밭에 인삼도 많이 기르셨지만 인삼은 햇수를 5년 이상 두어야 된다고 하시며 매년마다 캘 수 있는 도라지도 많이 심으셨다. 가을이면 통통하게 살이오른 도라지를 캐서 열심히 껍질을 벗기셔서 날씨가 선선해지면 잔도라지는 볶으시고 굵은 도라지는 채썰어 도라지탕을 끓이셨다.

경기도 개성 윤숙자 선생댁

개성식콩비지찌개

재료 및 분량

흰콩 107g($\frac{2}{3}$컵), 콩 가는 물 3컵
돼지고기(삼겹살) 100g, 얼갈이배추 200g
양념장 : 청장 $\frac{1}{2}$큰술, 소금 $\frac{1}{2}$작은술, 다진 마늘 1작은술, 다진 생강 $\frac{1}{2}$작은술
후춧가루 $\frac{1}{8}$작은술, 참기름 1작은술
물 3컵, 새우젓 1큰술

만드는 법

❶ 흰콩은 깨끗이 씻어 일어서 물에 8시간 정도 불린다. 믹서에 불린 흰콩과 가는 물을 붓고 3분 정도 곱게 간다.

❷ 얼갈이 배추는 깨끗이 다듬어 씻어 끓는 물에 데쳐 낸다.

❸ 돼지고기와 삶은 얼갈이배추는 가로 1cm, 세로 3cm, 두께 0.3cm 정도로 썰어 양념장을 넣어 양념한다.

❹ 냄비를 달구어 돼지고기를 넣고 중불에서 2분 정도 볶다가 물을 붓고 얼갈이배추를 넣고 센불로 30분 정도 끓인 다음 중불로 낮추어 10분 정도 더 끓인다.

❺ 콩갈은 물과 새우젓을 넣고 30분 정도 푹 끓인다.

Tip

- 검은콩을 불려서 사용하기도 한다.
- 흰콩을 물에 불리고 콩을 양손으로 가볍게 비비면서 껍질을 벗긴 다음 물에 헹구어 껍질을 버리고 갈아쓰기도 한다.
- 콩비지는 눋기 쉬우므로 가끔 저어 주고 불조절에 주의한다.
- 콩비지찌개는 너무 오래 끓이면 부드럽지 않고 깔깔하다.

콩비지찌개는 불린 콩을 갈아서 김치와 돼지고기를 넣고 끓인 구수하면서도 영양이 충분한 음식이다. 비지는 두부를 만들기 위해 즙을 거른 후의 찌거기를 일컫는 것으로 콩을 통째로 갈아 두부를 따로 뽑아내지 않고 생콩 즙 그대로 끓인 것을 되비지라 한다. 어머니께서는 작은 가마솥에 한솥 넣으시고 아궁이에 장작불을 피우시고 구뚜룸하게 끓여 온 가족에게 한 대접씩 퍼 주셔서 포식을 했던 기억이 새롭다. 음식이 풍부하지 않았던 옛날에 비지는 구황식으로 사용되었으며 두부재(豆腐滓), 두부사(豆腐渣), 포재(泡滓), 두사(豆渣) 등 별칭으로 사용되다가 조선시대 세종 이후부터 비지(比之)라 하였다.

경기도 개성 윤숙자 선생댁

개성식갈비찜

재료 및 분량

쇠갈비 450g, 튀하는 물 1kg(5컵)
물 800g(4컵)

양념장 : 간장 2큰술, 설탕 1큰술, 배즙 100g, 꿀 1작은술, 청주 1작은술
다진 파 1큰술, 다진 마늘 ½큰술, 깨소금 ½큰술, 후춧가루 ⅛작은술, 참기름 1큰술

표고버섯 5장, 무 70g, 당근 ⅓개, 도라지 40g
밤 4개, 대추 4개, 은행 8개, 잣 1작은술
달걀 1개, 식용유 1큰술, 참기름 1큰술

만드는 법

1. 쇠갈비는 길이 5cm 정도로 잘라서 힘줄과 기름기를 떼어 내고, 물에 담가 1시간마다 물을 갈아주면서 3번 정도 핏물을 뺀 다음 폭 1.5cm 정도의 간격으로 칼집을 넣은 다음 냄비에 튀하는 물을 붓고, 센불에 올려 끓으면 쇠갈비를 넣고 5분 정도 튀한다.
2. 표고버섯은 물에 1시간 정도 불려, 기둥을 떼고 물기를 닦아 2~4등분으로 썬다. 무와 당근은 다듬어 깨끗이 씻은 후 가로 · 세로 3cm, 두께 2.5cm 정도로 썰어 모서리를 다듬는다. 도라지는 씻어서 길이 5cm 정도로 자른다. 밤은 껍질을 벗기고, 대추는 면보로 닦아 살만 돌려 깎아 말아준다.
3. 냄비에 쇠갈비와 양념장의 ½량을 넣고, 물을 부어 센불에 올려 끓으면 중불로 낮추어 30분 정도 더 끓인다. 쇠갈비가 반쯤 익으면 표고버섯과 무, 당근, 도라지, 밤을 넣고 나머지 양념장 ½량을 넣고 20분 정도 더 끓인다.
4. 팬을 달구어 식용유를 두르고, 은행을 넣어 중불에서 굴려가며 2분 정도 볶아서 껍질을 벗긴다. 잣은 고깔을 떼고 면보로 닦는다. 달걀은 황백지단을 부쳐, 길이 2cm 정도의 마름모꼴로 썬다. 양념장을 만든다.
5. 쇠갈비가 익으면 대추와 은행, 잣을 넣고 국물을 끼얹으며 윤기나게 2분 정도 더 조린다.

Tip

- 쇠갈비는 흐르는 물에 핏물을 충분히 빼고 조리해야 고기 누린내가 나지 않는다.
- 갈비찜을 할 때는, 중불에서 서서히 익혀야 고기가 부드럽고 간이 잘 스며들어 맛이 좋다.
- 갈비찜을 윤기나게 하려면, 고기가 익은 후 뚜껑을 열고 양념장을 끼얹으며 끓인다.
- 갈비찜에 도라지가 들어가면 고기 누린내가 나지 않는다.

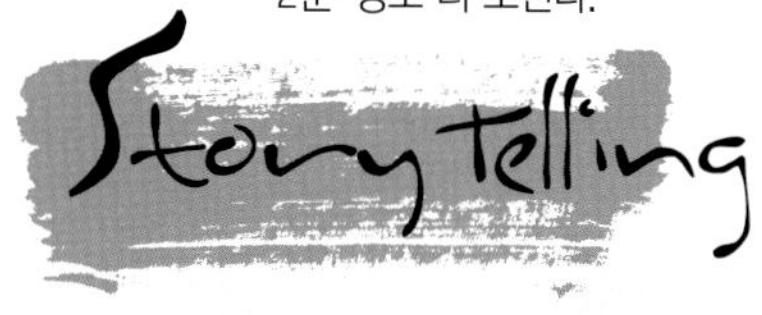

갈비찜은 쇠갈비에 도라지와 무, 표고버섯 등의 채소를 넣고 갖은 양념을 하여 찐 음식이다. 개성의 갈비찜은 도라지를 큼직하게 썰어 넣고 만든 것이 특징인데 집안에 잔치가 있으면 빠지지 않고 상에 오르는 음식이다. 어머니께서는 양푼에 갈비와 도라지를 넣고 갖은 양념을 하여 가마솥이 아닌 양은솥에 담으시고 연탄불에서 익히셨는데 그 맛있는 냄새가 온동네에 진동했다. 갈비찜에 들어가는 도라지는 예로부터 '일(一) 인삼, 이(二) 더덕, 삼(三) 도라지'라는 말이 있듯이 생김새뿐만 아니라 약효가 인삼과 비슷하다. 특히 도라지 특유의 쌉싸름한 향을 내는 사포닌 성분이 기침을 멎게 하고 가래를 삭이기 때문에 민간요법으로 약 대신 사용하였다.

경기도 개성 윤숙자 선생댁

돼지족조림

재료 및 분량

돼지족발 1.46kg(2개), 튀하는 물 3.4kg(17컵), 물 3.4kg(17컵)
계피 15g, 감초 10g, 마른홍고추 2개, 통후추 2g
된장 3큰술, 청주 4큰술
향채 : 무 100g, 양파 100g, 파 50g, 마늘 30g, 생강 30g, 물 2.4kg(12컵)
양념장 : 간장 4⅓큰술, 설탕 2큰술, 물엿 3큰술, 청주 4큰술, 생강즙 1큰술, 후춧가루 ⅛작은술, 참기름 1큰술
양념새우젓 : 새우젓 1큰술, 고춧가루 ⅛작은술, 깨소금 ⅛작은술, 참기름 ½작은술

만드는 법

❶ 돼지족은 깨끗이 다듬어서 물에 1시간 정도 담가 핏물을 뺀다. 냄비에 튀하는 물을 붓고 센불에 올려 끓으면 돼지족을 넣고 5분 정도 튀한다.

❷ 계피와 감초는 물에 씻고, 마른홍고추는 면보로 닦아서 길이 3㎝ 정도로 잘라 씨를 털어낸다.
냄비에 물을 붓고 센불에 올려 끓으면 돼지족과 계피, 감초, 마른홍고추, 통후추를 넣고 중불로 낮추어 1시간 정도 삶는다. 향채는 다듬어 깨끗이 씻는다.

❸ 돼지족이 반 정도 익으면 된장과 청주, 향채를 넣고 1시간 정도 푹 삶은 다음 체에 건져 물기를 뺀다.

❹ 냄비에 물과 양념장을 넣고 센불에 올려 끓으면, 돼지족을 넣고 30분 정도 끓이다가 중불로 낮추어 30분 정도 더 끓이고, 약불로 낮추어 양념장을 끼얹어 가며 30분 정도 더 조린다. 돼지족은 채반에 건져 식으면 먹기 좋게 썰어 담는다. 새우젓을 곁들여 낸다.

Tip

- 돼지족을 손질할 때 털을 잘 깍아 내고 사용한다.
- 숫돼지의 앞발보다 암돼지의 앞발이 질감이 부드럽고 맛이 좋다.
- 돼지족은 푹 삶지 않으면 질기므로 충분히 삶아서 조린다.
- 족이 다 익었으면 뚜껑을 열고 양념장을 끼얹어 가며 조려야 윤기가 반질반질 나며 맛이 있다.

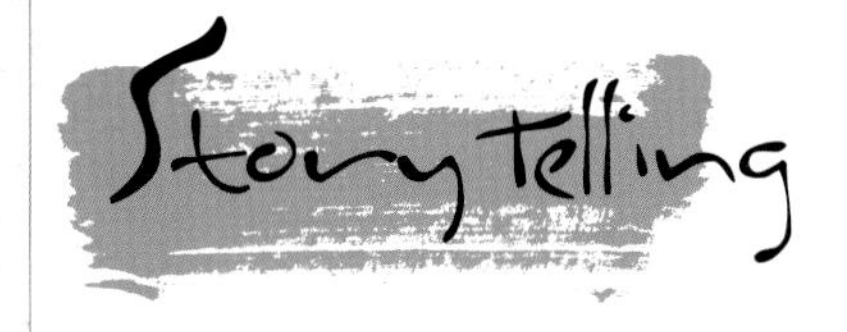

돼지족조림은 손질한 족발에 여러 가지 향신채와 한약재를 넣고 푹 삶아서 양념장을 넣고 조린 음식이다. 개성에서는 마을이나 집안에 큰 잔치가 있을 때면 돼지를 잡아 부위별로 나누어 음식을 해 먹었다고 하는데 그 중에 돼지족도 중요한 식재료였다. 동네 어느집에 결혼이나 회갑이 있는 잔칫날은 돼지를 잡고 음식을 하며 모두 함께 나누고 축하해주며 즐겼다고 한다. 돼지족조림은 황해도에서 유래했으며 궁중에서는 족발을 이용한 족편(足餠)을 만들어 잔치상에 올렸다. 또한, 일반 가정에서도 돼지족을 먹으면 젖이 잘 나온다고 하여 시어머니가 아기 낳은 며느리에게 먹이는 풍습이 있다고 한다.

경기도 개성 윤숙자 선생댁

움파산적

재료 및 분량

움파 100g, 소금 $\frac{1}{2}$작은술, 참기름 1작은술
쇠고기(우둔) 130g
양념장 : 간장 1작은술, 설탕 $\frac{1}{2}$작은술, 다진파 $\frac{1}{2}$작은술, 다진마늘 $\frac{1}{4}$작은술, 깨소금 $\frac{1}{2}$작은술
후춧가루, 참기름 $\frac{1}{2}$작은술, 식용유 1큰술, 꼬지 8개
초간장 : 간장 1큰술, 식초 1큰술, 물 1큰술, 잣가루 $\frac{1}{2}$작은술

만드는 법

1. 움파는 손질하여 깨끗이 씻은 후 길기 7cm 정도로 썰어 소금과 참기름으로 양념한다.
2. 쇠고기는 핏물을 닦아서 길이 8cm, 두께 0.5cm 정도로 썰어 잔칼질을 한 후 양념장을 넣고 양념한다.
3. 움파와 쇠고기는 번갈아 꿰고 양쪽 끝에 움파가 오게 한다.
4. 팬을 달구어 식용유를 두르고 움파산적을 놓은 후 중불에서 지진다. 지질 때 젓가락으로 움파를 살짝 들어 너무 숨이 죽지 않도록 파랗게 한다.
5. 그릇에 담고 초간장과 함께 낸다.

Tip

- 움파는 연한 노란빛을 띤 연두색 움파가 연하고 부드럽다.
- 지질 때 움파를 오래지지면 잎이 늘어지므로 너무 숨이 죽지 않도록 파랗게 지진다.
- 움파를 겨울에 광 속이나 부엌, 또는 방 윗목에서 자배기에 담아 길러 겨우내 여러 가지 음식에 넣으면 좋다.
- 움파가 없을 경우 쪽파를 이용할 수도 있다.

움파산적은 추운 겨울에 움파와 쇠고기를 양념하여 꼬지에 꿰어 지진 음식이다. 김장할 때 어머니께서 늘 대파를 많이 사다가 뿌리 쪽을 10cm 정도 잘라서 화분에 심어 움파를 키우셨다. 움파가 자라면 잘라서 음식에 사용하고 또 자라면 잘라다 쓰기 때문이다. 겨울 내내 움파는 여러 가지 음식에 요긴하게 쓰였다. 움파가 연한 노란빛을 띤 연두색으로 자라면 고기와 함께 꼬지에 꿰어 지져먹는 맛은 별미 중에 별미이다. 특히 설명절에 어머니가 해 주셨던 움파산적은 어느 설 음식보다 맛이 있고 돋보였다. 집안에 잔치가 있는 날이면 학교에서 돌아와서 가방만 벗어놓고는 부엌으로 들어가서 어머니를 도와 움파와 고기를 꿰어 움파산적을 만들어 드리곤 하였다.

경기도 개성 윤숙자 선생댁

개성채김치

재료 및 분량

무 150g, 소금 $\frac{1}{2}$작은술
배 50g($\frac{1}{8}$개)
고수 50g, 쪽파 20g
굴 50g(물 1$\frac{1}{2}$컵, 소금 $\frac{1}{4}$작은술)
양념 : 고춧가루 1$\frac{1}{2}$큰술, 설탕 $\frac{1}{2}$작은술, 새우젓 20g, 다진 마늘 1작은술, 다진 생강 $\frac{1}{4}$작은술

만드는 법

1. 무는 다듬어서 깨끗이 씻고 길이 5cm 폭 · 두께 0.4cm 정도로 채 썰어 소금에 10분 정도 절인 다음 물기를 닦는다.
2. 배는 껍질을 벗기고 무와 같은 크기로 채 썬다. 절인 무와 배에 양념을 넣고 버무린다.
3. 고수와 쪽파는 다듬어서 깨끗이 씻고 길이 4cm 정도로 썬다. 굴은 소금물에 살살 씻어 체에 밭쳐 물기를 뺀다.
4. 절인 무에 준비한 배와 고수, 쪽파를 넣고 양념을 넣어 고루 버무린 다음, 굴을 넣어 가볍게 섞는다.
5. 항아리에 꼭꼭 눌러 담는다.

Tip

- 무를 절이지 않고 채김치를 만들어 먹기도 한다.
- 여름에는 독소가 있을 수 있으므로 굴을 넣지 않는다.
- 김치가 떨어졌을 때 즉석에서 만들어 먹는 김치이다.
- 가을무가 시원하고 맛이 있다.

채김치는 무를 채 썰어 고수와 굴을 넣고 갖은 양념하여 담근 김치이다. 원래는 김장김치를 담고 남은 양념으로 김치가 익을 동안 먹는 김치였으나 개성지방에서는 무의 맛이 좋아 자주 담가 먹는 김치이다. 무채에 굴과 고수를 듬뿍 넣어 신선한 굴향과 독특한 고수향이 어우러져 어른들이 좋아하는 김치이다. 고수는 향을 좋아하지 않는 사람들도 있으나 몇번 먹어보면 맛과 향에 젖어 이내 좋아하게 되는 채소이다. 주로 잔칫날이나 경사스런 날 푹 삶아 두둑하게 썰은 돼지고기편육과 함께 소담하니 함께 담겨져 올랐던 별미김치이다.

경기도 개성 윤숙자 선생댁

수수병거지

재료 및 분량

차수수가루 200g(2컵), 찹쌀가루 50g(½컵), 소금 ½작은술, 끓는 물 2~3큰술
검은콩(서리태) 40g(¼컵), 물 3컵, 소금 1g(¼작은술), 설탕 ½큰술
찌는 물 2kg(10컵)

만드는 법

1. 차수수가루에 찹쌀가루와 소금을 넣고 고루 섞어 체에 내린다. 섞어 놓은 차수수가루와 찹쌀가루에 끓는 물을 넣고 고루 비벼 체에 내린다.
2. 검은콩은 깨끗이 씻어 일어서 물에 3시간 정도 불려, 체에 밭쳐 10분 정도 물기를 뺀다. 냄비에 검은콩과 물, 소금을 넣고 센불에 올려 끓으면, 중불로 낮추어 10분 정도 삶아 체에 밭쳐 물기를 뺀 다음 설탕을 넣고 고루 섞는다.
3. 찜기에 물을 붓고 센불에 올려 김이 오르면, 젖은 면보를 깔고 스텐레스 떡틀(직경 16cm)을 넣고 콩의 ½량을 펼쳐 넣고, 섞어 놓은 쌀가루를 넣어 수평으로 평평하게 한다. 그 위에 나머지 콩의 ½량을 고루 펼쳐 넣고 뚜껑을 덮는다.
4. 센불에서 다시 김이 오르면 15분 정도 찐다.

Tip

- 예전 개성에서는 차수수가루만 사용하여 떡을 만들었다.
- 검은콩이 없을 때는 가을에 나는 강낭콩이나 울타리콩 등 기호에 따라 다른 콩을 넣기도 한다.
- 대추와 밤을 넣기도 한다.

수수벙거지는 수수가루를 익반죽하여 납작하게 빚은 다음 콩을 깔고 찐 떡이다. 수수벙거지는 '수수도가니' 또는 '수수옴팡떡'이라고도 하는데 햇수수를 이용하여 벙거지 모양으로 만든다고 하여 붙여진 이름이다. 수수는 찰져서 잘 익지 않으므로 벙거지 모양으로 가운데를 눌러서 콩을 깔고 쪘다고 한다. 그러나 지금 만든 수수벙거지는 맛과 불품을 고려하여 현대적으로 떡틀에 떡을 넣고 모양을 쩌 내었다. 북쪽지방에서는 토양과 기후관계로 수수가 맛이 있고 잡곡이 많이 생산되어 여러 가지 음식을 해 먹었는데 수수부꾸미, 경단, 벙거지, 노티 등의 떡과 수수조청도 많이 해 먹었다.

경기도 강화

권영미 선생댁

권영미

현) (주) 스토리 힐링 전통음식사업부 대표

- 2012 한국국제요리 경연대회 시절음식부문 농림축산식품부 금상 수상
- 2012 대한민국요리 경연대회 전통주 부문 문화체육관광부 장관상 수상
- 2012 이금기 소스 요리대회 1등 수상
- 2013 한국국제요리 경연대회 개성음식부문 농림축산식품부 장관상 수상

음식은 열정이고 마음이다

내고향 강화도를 떠올리는 것만으로도 가슴이 뛰고 저 멀리 아름다운 추억이 아른거린다. 맑고 청량한 서해 해풍과 깨끗한 물, 오염되지 않은 토양에서 생산되어 지는 채소와 곡식 과일, 모두 품질도 좋지만 맛도 좋다. 역사의 아픈 기억의 땅이기도 하지만 그 아픈 역사를 위로라도 해주듯 강화도는 산해진미가 모두 모여 있는 곳이다.

초등학교를 다닐 무렵 강화도에는 어렵게 사는 사람들이 많았다. 다른 지역은 산업화가 한창이었지만 바다를 생계삼아 살아가는 어부들이 대부분인 강화도에서 하루 세 끼를 다 먹는 사람들은 그야말로 부자에 속할 만큼 가난한 이웃들이 많았다. 넉넉한 마음이 담겨 있던 어머니의 도시락은 내게 늘 자랑이었다. 형편이 어려운 친구들의 도시락을 따로 챙겨주시곤 하셨는데, 알록달록 수를 놓은 듯 예쁘게 담긴 반찬은 친구들에게 부러움을 살 정도로 인기가 많았다.

어머니는 태생부터 고운 얼굴에 성격까지 기품이 있어 평범한 시골 아낙이라고 보기 어려울 정도였다. 당신의 그런 깔끔하고 맵시 있는 성품 탓에 자식들 도시락도 명절날 손님상에 올리는 음식처럼 정성스럽게 싸 주셨다. 밥그릇과 국그릇 하나라도 색과 모양을 고려해 음식을 담았고, 나물 하나, 김치 한조각 조차도 엄마의 손길이 닿으면 더욱 소담스럽고 정갈해 보였다. 뿐만아니라 당시 강화도에 하나 밖에 없던 요리학원에 다니며 새로운 음식에 대한 열정을 보였는데, 그때 어머니가 요리학원에서 배운 음식들 중 우리에게 처음 선보인 것은 중국음식과 빵이었다. 자장면이 특별한 음식으로 취급받던 시절 어머니가 집에서 만들어준 자장면과 짬뽕은 그야말로 세상에 없던 맛이었다. 오븐에서 노릇노릇하게 구워져 나오는 빵 역시 볼수록 신기해서 어머니가 참으로 대단하게 보였다.

음식에 대한 열정이 크다 보니 집안에서는 늘 음식냄새가 끊이지 않았고 손님들도 북적거리기 일쑤였다. 그때마다 어머니는 요술을 부리듯 뚝딱 음식을 해서는 사람들을 놀라게 했다. 음식솜씨도 다른 재주처럼 타고나는 것인지 어머니가 하는 음식은 분명 뭔가 달랐다. 같은 음식인데도 어머니 음식은 맛은 물론이고 시각적인 즐거움이 있어 항상 특별해 보였다. 내가 전통음식에 빠진 것도 어쩌면 어머니로부터 물려받은 기질과 타고난 감각 덕분이라는 생각이다. 음식의 역사가 그렇듯 어머니는 할머니로부터, 할머니는 위 조상으로부터 계승되고 전승되어 내게 이르렀을 것이다. 더없이 감사하고 고마운 일이기에 내림음식에 대한 가치와 자부심을 크게 느낀다.

이제부터 시작이다

나는아직 가야 할 길이 멀다는 것을 알고 있다. 더러는 늦은 나이를 걱정하는 이들도 있지만 나는 이제 시작이라는 생각이다. 우리에게는 선조들 대대로 내려오는 사람을 살리고 치유하는 건강한 음식들이 많다. 그것들을 개발하고 재현해 내어 우리의 고급스런 음식문화를 만들어 가는 게 임무라고 생각한다.

나는 아직 가야 할 길이 멀다는 것을 알고 있다. 더러는 늦은 나이를 걱정을 하는 이들도 있지만 나는 이제 시작이라는 생각이다. 우리에게는 선조들 대대로 내려오는 사람을 살리고 치유하는 건강한 음식들이 많다. 그것들을 개발하고 재현해 내어 우리의 고급스런 음식문화를 만들어 가는 게 임무라고 생각한다.

때문에 나는 몇 년전부터 (사)한국전통음식연구소에서 우리 음식 공부를 시작해 현재 기능보유자 과정을 수련중이다. 나의 스승님이신 (사)한국전통음식연구소 윤숙자 교수님의 가르침은 가정주부에 그쳤던 나를 여기까지 이끌어주시어 내인생을 바꾸어 놓았다. 어머니로부터 물려받은 열정을 가지고 음식을 만든다면 분명 우리를 건강하게 만드는 최고의 전통음식을 만들 수 있을 거라 자부한다. 그러한 큰 소망의 결실로 나는 고향 강화도에 전통음식 체험장을 건립할 꿈을 꾸고 있다. 체험장을 찾는 많은 이들에게 우리 음식이 가지고 있는 역사와 가치가 무엇인지 알려주고, 조상대대로 내려오는 건강한 먹거리에 대한 예찬을 하며 좋은 음식에 대한 안목을 높여줄 것이다. 끝으로 음식이 곧 사람이고 마음이라 말씀하셨던 (사)한국전통음식연구소 윤숙자 교수님과 이명숙 원장님, 내 어머니께 머리숙여 감사의 마음을 전하며 늘 나를 위해 기도해 주고 후원을 아끼지 않는 남편과 바쁜 엄마를 이해해주는 사랑하는 딸 소희에게도 고마움을 전한다.

경기도 강화 권영미 선생댁

강화약쑥수수삼계탕

재료 및 분량

영계(2.2kg) 1마리, 강화약쑥 5g, 물 8컵, 수수 1/4컵, 찹쌀 1/4컵
수삼(55g) 1뿌리, 마늘 2개, 대추 2개
소금, 후춧가루, 달걀 1개

만드는 법

1. 냄비에 쑥과 물을 붓고 센불에 올려 끓으면 중불로 낮추어 20분 정도 끓인 다음 체에 밭쳐 쑥물을 준비한다.
2. 찹쌀은 30분 정도, 수수는 2시간 정도 불려 물기를 뺀다.
3. 수삼은 깨끗이 씻어 뇌두를 자르고, 마늘과 대추는 씻어 준비하고 달걀은 흰자와 노른자를 분리하여 황백지단을 부쳐 고명을 만든다.
4. 영계는 내장과 기름기를 빼고 깨끗이 씻어, 뱃속에 수삼, 찹쌀, 수수, 마늘, 대추를 넣고 내용물이 나오지 않도록 닭다리를 엇갈리게 끼운다.
5. 냄비에 영계와 쑥물을 붓고 센불에 올려 끓으면 중불로 낮추어 1시간 정도 더 끓이고, 소금과 후춧가루로 간을 맞추고 2분 정도 끓인다. 그릇에 담고 황백지단을 얹어 국물을 붓는다.

Tip

- 쑥물은 너무 오래 끓이면 쓴맛이 강하게 난다.
- 수수는 2시간 이상 물에 불린다.
- 영계의 뱃속에 내용물이 나오지 않게 닭다리를 실로 묶어도 좋다.
- 황백지단은 2cm 꽃모양으로 만든다.
- 파는 0.2cm로 썬다.

예부터 강화약쑥은 위궤양과 위염 치료에 큰 효과가 있다. 또 여러 부인병에도 효과가 있어 산후풍이나 수족 냉증으로 고생하는 여자들이 강화약쑥을 많이 찾았다. 약쑥수수삼계탕은 그 좋은 강화약쑥으로 만든 음식이라 보양식이 아닐 수 없다. 어린 날에는 진한 쑥 냄새가 싫어서 닭고기만 골라 먹기도 했지만, 바닷바람을 무릅쓰며 쑥을 캐다 추녀 밑에 매달아 놓고는 행여 자식들 기운 빠질세라 수시로 삼계탕을 끓여주신 어머니 덕분에, 큰 병 없이 무탈하게 살고 있음을 감사드린다. 접시 하나조차 함부로 내놓지 않으셨던 내 어머니는 그야말로 고운 여인이고 헌신적인 어머니셨다. 단군신화 속의 곰이 쑥을 먹고 사람이 되었듯 나는 내 어머니가 해주신 약쑥수수삼계탕을 먹으며 성장한 덕분에 지금 이렇게 역사적인 음식이야기를 할 수 있게 되었다.

경기도 강화 권영미 선생댁

젓국갈비

재료 및 분량

돼지갈비 550g(5cm 길이), 튀하는 물 1L(5컵), 식용유 1/2큰술
마른홍고추 1개, 표고버섯 1개, 대추 3개, 양파 80g

갈비양념 ① : 청주 1큰술, 생강즙 1큰술, 배즙1/2컵

갈비양념 ② : 새우젓 2큰술, 설탕 1큰술, 청주 1큰술, 다진파 1큰술, 다진마늘 1/2큰술
생강즙 1큰술, 깨소금 1작은술, 후춧가루 1/8작은술, 참기름 1/2큰술, 물 2컵

고명 : 달걀 1개

만드는 법

1. 돼지갈비는 길이 5cm정도로 잘라서 힘줄과 기름기를 떼어내고 찬물에 담가 핏물을 뺀다.
2. 냄비에 튀하는 물을 넣고 끓으면 5분 정도 튀해서 찬물에 헹구어 물기를 뺀 다음 양념 ①을 넣고 10분 정도 재운 다음, 양념 ②를 넣고 30분 정도 더 재운다.
3. 마른홍고추는 길이 2.5cm 정도로 어슷하게 썰고 표고버섯은 물에 불려 기둥 떼고 4등분하고 대추는 면보로 닦고 양파는 1cm 정도로 채 썬다.
4. 냄비를 달구워 식용유를 두르고 마른 홍고추를 넣어 중불에서 1분 정도 볶다가 양념한 돼지갈비를 넣고 2분 정도 더 볶은 다음 물을 붓고 센불에 올려 끓으면 뚜껑을 덮고 중불로 낮추어 20분 정도 더 끓인다.
5. 국물이 반으로 줄어들면 표고버섯과 대추, 양파를 넣고 약불로 낮추어 20분 정도 끓인 후 양념국물을 끼얹어 가며 윤기나게 조린다. 달걀 지단으로 고명을 올려 그릇에 담아낸다.

Tip

- 돼지갈비는 튀한 다음 찬물에 헹구면 기름기나 불순물을 제거해야 맛이 깔끔하다.
- 돼지갈비에 칼집을 너무 깊게 넣으면 조리할 때 부서지므로 주의한다.
- 돼지고기 요리할 때 사과나 파인애플을 갈아 넣어주면 돼지고기 냄새를 줄이고 맛도 부드럽다.
- 돼지갈비가 익은 다음에는 국물을 끼얹어가며 조려야 윤기가 난다.

젓국갈비에 대해 아는 사람은 그리 많지 않다. 사실 돼지갈비를 새우젓으로 간을 한 것뿐인데, 처음 대하는 사람들은 특별한 음식인 줄 알고 잔뜩 기대했다가 실망하기도 한다. 양조간장에 갈비를 재지 않고 새우젓으로 간을 해서 때깔도 그리 좋은 편은 아니지만 맛은 깊고 구수하다. 잘 숙성된 강화도 새우젓과 돼지갈비는 그야말로 속궁합이 딱 맞는 찰떡궁합이라고 할 수 있다. 겨울철 부족하기 쉬운 영양분을 새우젓을 넣은 젓국갈비로 보충했는데, 서해의 칼칼한 겨울바람도 속이 든든해 끄떡없었다. 전통음식의 보존이 필요한 까닭은 식재료와 조리방법 때문이기도 하지만 음식이 담고 있는 정서 때문이기도 하다. 강화도 하면 떠오르는 바다와 갯벌과 향기 그리고, 오래된 내 어머니의 미소가 최고의 전통음식을 만들어낸 것이다.

가끔은 내가 자라면서 먹고 자란 고향 음식이 그리워 한냄비 만들면 딸이 더 좋아한다. 이다음에 딸 소희도 내가 그랬듯이 이 맛을 기억해 주겠지…

경기도 강화 권영미 선생댁

고수배추김치

재료 및 분량

배추 5통, 굵은소금 7 1/2컵, 고수 2단(1kg), 무 3개(4.5Kg), 갓 500g
미나리 200g, 쪽파 600g, 대파 1/2단(700g), 생새우 2컵, 새우젓 1컵
멸치젓 2컵, 마늘 5통, 생강 6큰술, 고운소금 3큰술, 배 1개, 고춧가루 4컵, 설탕 3큰술

만드는 법

❶ 배추는 뿌리 밑둥과 겉잎을 다듬고 포기의 반만 칼집을 넣어 손으로 쪼갠 후 15% 정도의 굵은 소금물에 6~8시간 정도 절인 다음 깨끗이 씻어 건져 물기를 빼 놓는다.

❷ 무는 깨끗이 다듬어 씻어서 길이 4cm 정도로 채 썰고 고수, 갓, 미나리, 쪽파와 대파도 씻어서 무와 같은 길이로 썬다. 마늘과 생강은 곱게 다진다.

❸ 생새우는 곱게 다지고 고춧가루는 멸치 젓국에 불려 놓는다.

❹ 무채에 불려 놓은 고춧가루와 준비한 재료를 넣고 버무린 후 생새우, 새우젓을 넣고 소금, 설탕으로 간을 맞추어 김치 양념을 만들어 놓는다.

❺ 배추 사이사이에 버무려 놓은 양념을 고루 펴 넣고 배추 겉잎으로 양념이 흘러 나오지 않도록 감아서 항아리에 차곡차곡 담는다.
배추 우거지로 김치 위를 덮어 꼭꼭 눌러 담아 공기와 접촉하지 않게 하고 고운소금을 뿌려 놓는다.

Tip

- 김치를 버무려 넣을 때는 물리적인 힘을 가하지 않는 것이 재료의 신선도 유지에 좋다.
- 보관할 때는 큰 독에 너무 많이 담아 오래두고 꺼내어 먹는 것보다 작은 항아리 여러 개에 담고 조금씩 꺼내 먹어야 김치가 겨우내 변하지 않고 맛있다.
- 겨울 김장배추는 10℃에서 3주간 숙성시키는 것이 맛과 영양에 가장 좋다.
- 고수는 기호에 따라 가감할 수 있다.

고수는 향이 강해서 싫어하는 사람도 있지만 음식 맛을 돋우고 소화불량에 좋아 다양한 요리에 활용된다. 어머니께서도 일찍이 그 고수의 진가를 알아 자주 고수를 넣은 김치를 담그셨다. 고수의 허브향이 큰 대문집 밖으로 새어나오는 날은 어김없이 집안에 큰 행사가 있거나 동네 아낙들과 함께하는 김장 날이었다. 어머니의 덕이 그만한 탓인지 대청마루가 넓은 우리 집은 늘 사람들로 북적거렸다.

늘 남에게 베풀기를 좋아하시던 어머니는 김장하는 날은 고기도 넉넉히 삶고, 또 김장하는 날만 먹을 수 있는 배추속대 지지미도 넉넉하게 끓여 온동네 사람들과 나누어 먹었다. 그 숱한 음식들 중 고수김치가 생생한 것은 그 향이 독특하기도 하지만, 일반적인 식재료가 아니라 특별하고 귀했기 때문일 것이다. 지금도 내 고향동네 어귀에 들어서면 큰 대문집 안주인인 내 어머니가 고수 향을 풍기며 김치를 담그고 있는 것 같아 코끝이 찡해진다.

경기도 강화 권영미 선생댁

순무물김치

재료 및 분량

순무 1kg, 굵은소금 3큰술,
미나리 1/8단, 실파 10뿌리, 마늘 1통, 생강 1쪽
물10컵, 고운소금 3큰술

만드는 법

1. 순무는 잔털을 다듬고 깨끗이 씻어 도톰하게 나박 썰어 소금에 30분 정도 절인다.
2. 미나리와 실파는 다듬고 깨끗이 씻어서 3cm 정도의 길이로 썬다.
3. 마늘과 생강은 채 썬다.
4. 물을 끓여 식힌 후에 소금을 넣어 김칫물을 만든다.
5. 항아리에 순무와 미나리, 실파, 마늘, 생강을 넣고 김칫국물을 붓는다.

Tip

- 순무는 단단하고 겉이 보라색을 띤 윤기가 흐르는 것이 좋다.
- 가을 순무가 맛있다.
- 나박김치를 담글 때는 무를 소금에 절인 후 소금물을 부어야 주재료가 물러지지 않고 맛이 있다.
- 연한 순무는 껍질을 벗기지 않고 그냥 쓰지만 껍질이 두꺼운 순무는 껍질을 벗긴다.

허준의 동의보감에 순무는 "맛이 달고 오장에 이로우며 소화를 돕고 종기를 해소한다"고 되어 있다. 일반 무와 달리 모양이 동그랗고 자색을 띠고 있어 그 모양만으로는 식감을 예측하기 어렵다. 하지만 맑고 청량한 서해 해풍과 깨끗한 물, 오염되지 않은 강화도 토양에서 자라 예부터 고급요리에 많이 쓰이고 있다. 달달하면서도 매콤한 겨자 향과 인삼 맛이 어우러져 그냥 먹어도 과일 못지않아, 제철을 맞아 강화도를 찾은 식도락가들에게 순무 밭은 그냥 지나치기 어려운 곳이다. 순무 하나 쑥 뽑아서 아삭아삭 씹어 먹고 싶은 유혹이 자꾸만 발길을 붙들기 때문이다. 특히 강화도 밴댕이젓갈과 갓, 미나리를 넣고 버무린 순무 섞박지는 마니아들이 있을 정도로 유명하다. 고춧가루를 넣은 매콤한 순무 석박지도 맛이 좋지만 어머니가 자주 담아주셨던 담백한 맛의 순무 물김치는 특별한 양념이 들어가지 않는다. 맑은물과 소금, 미나리 실파가 어우러져 깊고 담백한 맛을냈다. 아마도 어머니의 정성과 사랑이 어우러져 맛이 더 아름다운 음식을 맛볼 수 있었다고 생각한다.

경기도 강화 권영미 선생댁

상화병

재료 및 분량

밀가루(중력분) 520g, 소금 1/2큰술
물 1컵, 이스트 10g, 설탕 1/2큰술, 막걸리 1/2컵
소 : 붉은팥 600g, 설탕 200g, 물엿 약간, 소금 1큰술

만드는 법

❶ 밀가루에 소금을 넣어 2번 체에 내린다.

❷ 미지근한 물에 설탕과 이스트를 넣어 녹여서 발효시킨다.

❸ 준비한 밀가루에 이스트물과 막걸리를 넣고 반죽하여 볼에 담고 랩으로 씌워 35~40℃의 따뜻한 곳에 두어 발효시킨 다음 가스를 빼준 후 다시 비닐을 씌워 1시간 정도 2차 발효시킨다.

❹ 부풀어 오른 반죽을 공기를 빼준 후 적당한 크기로 떼어 팥소를 만들어 넣고 동그랗게 빚는다.

❺ 김 오른 찜통에 빚은 반죽을 넣고 2분간 3차 발효를 시킨 다음 약불에서 10분 정도 찌다가 센불에서 10분 정도 더 찐다.

Tip

- 80℃ 정도의 찜통에서 2분 동안 두어 잘 부풀어 오르면 찐다.
- 밀가루는 박력분보다 중력분이나 강력분으로 한다.
- 발효된 반죽과 팥소는 계량하여 나누면 만들었을 때 크기와 모양이 일정하다.
- 잘 쪄진 상화병은 약간 한김 나간 후에 그릇에 담아야 모양이 예쁘다.

찌거나 삶는 것이 요리법의 전부였던 시절, 버튼만 누르면 노릇노릇 구워져 나오는 오븐은 요술을 부리는 듯 신기하기만 했다. 그 특별한 오븐이 우리집 부엌에 입성했을 때 나와 동생은 일제히 박수를 치며 좋아했다. 빵보다 밥을 더 많이 먹던 시절이었으니 카스테라 같은 빵은 고급간식에 속했다. 어머니께서는 오븐을 십분 활용하여 카스테라나 밤앙꼬빵 등을 만들어 주셨는데 지금도 그 맛을 잊을 수가 없다.

또 어머니는 자주 찐빵을 만들어 주셨는데, 양은솥 한 가득 팥을 삶아 소를 만들어 놓고 이스트를 넣은 밀가루 반죽이 안방 아랫목에서 부푸는 동안 우리 형제들의 기대감도 함께 부풀었다. 긴 기다림 끝에 맛보는 달콤한 찐빵은 특별한 간식이 없던 시절 최고의 음식이자 내 유년의 기억 속에 존재하는 맛있는 시절이다.

경기도 강화 권영미 선생댁

인삼약과

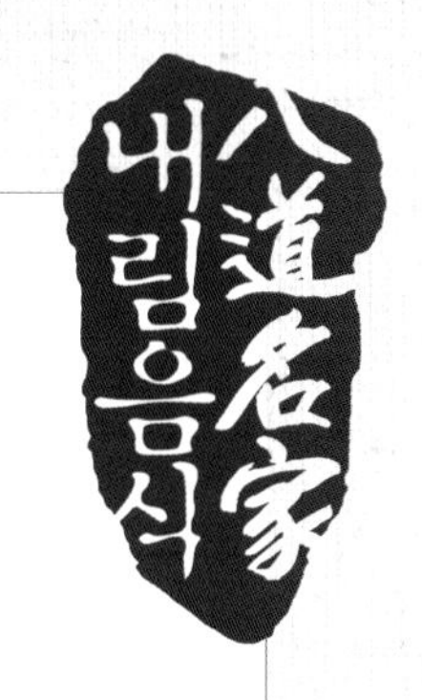

재료 및 분량

밀가루 180g, 인삼가루 2큰술, 계핏가루 1/4작은술, 참기름 3큰술
꿀 3큰술, 청주 2큰술, 생강즙 1큰술, 소금 1/4작은술
집청 : 물엿 2컵, 설탕 2큰술, 계핏가루 10g, 생강 20g, 미삼 달인 물 3큰술, 유자청 건지 2작은술

만드는 법

❶ 밀가루에 계핏가루, 인삼가루와 참기름을 넣고 체에 내린다.

❷ 체에 내린 밀가루에 꿀, 청주, 생강즙, 소금을 넣고 반죽하여 0.6~0.7cm 정도 두께로 결이 나도록 5번 정도 접어 밀대로 밀어 준다.

❸ 반죽을 몰드로 찍어주고 포크로 모양을 낸다.

❹ 모양낸 반죽을 기름 온도가 90도가 되면 넣고 튀긴 다음 반쯤 떠오르면 온도를 140도로 높여 연한 갈색이 되도록 튀긴 다음 체에 건져 기름을 뺀다.

❺ 집청을 만들어 튀긴 약과를 넣고 5시간 정도 집청시킨다.

Tip

- 많이 주무르면 밀가루 단백질 글루텐이 생겨 질기므로 주의한다.
- 약과 반죽을 여러번 접어서 밀어 주어야 켜가 많이 생기고 약과가 부드럽다.
- 튀기는 기름 온도에 유의한다.
- 집청에 건져서 충분히 청을 빼주어야 끈적거리지 않는다.

음식이란 자고로 귀해야 맛도 좋고 몸에도 좋다. 하여 귀한 음식은 보양식으로의 가치와 품격이 다를 수밖에 없다.
약과는 요즘처럼 쉽고 편하게 사 먹을 수 있는 간식과는 차원이 다른 전통간식이라고 할 수 있다. 예부터 양반가의 다과상에 빠지지 않고 오를 만큼 풍미와 전통이 살아있는 귀족간식이다.
어머니는 원재료의 밀가루에 꿀과 기름을 섞어 다양한 맛과 모양 넣어 맛은 물론 그 모양도 화려하고 우아하게 만들었다. 감자와 고구마가 유일한 간식이었던 유년시절 어떤 음식이든 척척 만들어 내시는 어머니 덕에 우리집은 마음껏 맛있는 음식을 먹을 수 있어 좋았다.
어머니가 만들어주던 오색약과는 무지개를 보는 듯 마음이 두둥실거려 덥석 집어 먹을 수가 없었다. 한 입 베어 물면 입 안 가득 달콤함이 퍼지면서 뒤따르는 맛은 무지개를 잡으러 하늘로 오르는 기분이었다.

경기도 강화 권영미 선생댁

인삼식혜

재료 및 분량

엿기름가루 6컵, 미지근한 물 40컵, 멥쌀 3컵
미삼 150g, 물 8컵, 설탕 4컵, 잣 1큰술

만드는 법

❶ 엿기름가루를 미지근한 물에 담가 30분 정도 불린 후 주물러서 체에 거른 다음 건지는 꼭 짜서 버리고 국물을 가라 앉혀 맑은 윗물만 준비한다.
❷ 멥쌀은 30분 정도 불린 후 냄비에 고슬고슬하게 밥을 지어 전기밥솥에 넣고 준비한 맑은 엿기름 물을 부은 후 밥솥을 보온으로 하여 3~4시간 정도 둔다.
❸ 미삼은 깨끗이 씻어 냄비에 분량의 물을 넣고 센불에 올려 끓으면 약불로 낮추어 1시간 정도 끓인 후 체에 거른다.
❹ 밥통에 밥알이 7~8개 정도 떠오르면 밥알을 건져서 물에 헹구어 단물을 뺀다.
❺ 밥알을 건져낸 식혜물에 설탕과 인삼 끓인 물을 넣고 센불에 올려 5분 정도 끓인다.
식혜물을 시원하게 식혀서 밥알과 잣을 띄운다.

Tip

- 엿기름은 햇것을 사용해야 밥알이 잘 삭혀져서 색도 예쁘고 맛도 좋다.
- 가는 미삼은 깨끗이 씻는다.
- 밥알을 단물이 빠지도록 헹궈야 밥알이 동동 뜬다.
- 인삼은 여러 가지 효능이 있지만 특히 피로회복에 좋고 항암 효과가 있다.

나는 강화도에 태어난 것을 대단한 축복이라고 생각한다. 지리적으로는 우리 역사의 아픈 기억이기도 하지만 그 아픈 역사를 위로라도 해주듯 강화도는 산해진미가 모두 모여 있는 곳이다.
특히 강화인삼은 예부터 최고의 진상품이라 보통사람들은 맛은 커녕 구경조차 하기 어려웠다. 지금은 인삼 소비가 늘어난 만큼 생산량도 크게 확대되었지만 내 어릴 적까지만 해도 흔하게 먹을 수 있는 음식은 아니었다.
하지만 값이 저렴한 미삼을 달여 만든 인삼식혜는 생각만 해도 가슴이 뻥 뚫리는 맛이었다. 한겨울 살얼음이 동동 뜬 식혜 한 그릇이면 겨울밤이 짧게 느껴졌고, 한여름 살짝 변한 식혜 맛도 더위를 식혀주는 최고의 간식이었다. 씁쓸하면서도 알싸한 인삼과 달착지근한 엿기름에 삭은 밥알의 맛은 아스라한 기억 같아 더 그립다.

경기도 강화 권영미 선생댁

삼차(蔘茶)

재료 및 분량

홍삼 40g, 생강 15g, 대추 10g, 물 2L, 꿀 2큰술

만드는 법

1. 홍삼은 깨끗이 손질하여 준비하고 잘게 자르고 생강은 씻어서 껍질을 벗겨 0.2cm 정도 편으로 썬다.
2. 대추는 면보로 먼지를 닦는다.
3. 냄비에 홍삼, 생강, 대추, 물을 넣고 센불에 올려 끓으면 중불로 낮추어 1시간 정도 끓이다가 약한불로 낮추어 1시간 정도 더 끓인다.
4. 홍삼, 생강, 대추 맛이 우러나면 체에 걸러 그릇에 담아 꿀과 함께 낸다.

Tip

- 여름에는 시원하게, 겨울에는 따뜻하게 먹으면 좋다.
- 물 2리터를 2시간 정도 끓이면 물의 양이 1/4로 줄어든다.
- 기호에 맞게 설탕을 넣기도 한다.
- 낮은 불에서 은은하게 끓여야 맛과 향이 잘 우러나온다.

홍삼은 원기회복과 혈액생성을 원활히 하며 몸 안의 독소를 빼내는 데 탁월한 효능이 있다고 한다. 특히 건강보조식품으로의 인기가 대단히 높아 국내외 소비량이 점점 늘어나고 있다.

삼차는 인삼을 보관하기 좋은 방법으로 쪄서 말리기를 여러 번하여 홍삼으로 만들어 두고두고 마실 수 있는 고급차에 속한다.

어머니는 저녁마다 커다란 주전자에 홍삼과 대추, 생강을 넣어 끓인 삼차를 예쁜 찻잔에 가득 따라주시며 자식들의 건강을 기원해주셨다.

삼차의 쓴맛이 싫어 동생과 나는 설탕을 한숫가락 가득 넣어 먹었다.

삼차 한 잔이 명약이 된 것은 아니겠지만, 자식에 대한 어머니의 사랑과 삼차의 뜨거운 기운을 마시면 거짓말처럼 몸이 거뜬해졌다. 몸이 으슬으슬 춥다가도 펄펄 끓는 삼차를 호호 불어 마시다 보면 어느새 겨울이 가고 봄이 오고 그랬다. 그러니까 내 건강을 지켜준 8할은 삼차라고 할 수 있다.

경기도 강화 권영미 선생댁

인삼주(人蔘酒)

재료 및 분량

밑술: 멥쌀 2kg, 강화인삼(5년근) 200g, 누룩 700g
끓여 식힌 물 1.5L
덧술: 찹쌀 4kg, 강화인삼(5년근) 400g, 끓여 식힌 물 2.5L

만드는 법

밑술
1. 멥쌀은 깨끗이 씻어 물에 담갔다가 건져 고두밥을 찐다.
2. 차게 식힌 고두밥에 누룩가루를 섞고 인삼은 갈아서 버무려서 물을 붓고 항아리에 담아 27~28℃ 정도에서 3일간 발효시킨다.

덧술
1. 찹쌀을 깨끗이 씻어 물에 담갔다 건져 고두밥을 찐다.
2. 식힌 후 인삼을 갈아서 밑술과 물과 버무려 항아리에 넣고 23℃에서 2주일 정도 발효시킨다.

Tip
- 밑술은 27~28℃에서 발효시키고 덧술은 20℃에서 발효시킨다.
- 멥쌀과 찹쌀은 4시간 정도 불리고 1시간 정도 물빼기를 한다.
- 아침저녁으로 저어 주어야 발효가 잘 된다.
- 술을 빚는 항아리와 일체의 그릇을 소독해야 하며 주변을 청결하게 해야 잡균을 막을 수 있다.

우리 집 대청마루에는 쌀이 족히 두어 가마니는 들어가는 커다란 뒤주가 있었다. 어머니는 그 뒤주 위에다 보란 듯이 인삼주를 담가 빼곡하게 세워 놓으셨는데, 보는 이들마다 입맛을 다시며 부러워했다. 전통 방식으로 누룩과 멥쌀, 찹쌀을 쪄서 빚은 인삼주는 맑은 황금빛을 띠어 차마 뚜껑을 열기 아까울 정도로 색이 고왔다.
또 잘생긴 인삼을 병뚜껑에 실을 꿰어 인삼을 매달아 병에 넣어 소주를 부어 만드는 인삼주(침출주)도 만드셨는데 오랫동안 보기 좋은 인삼을 볼 수 있어 좋았다. 인삼주는 일찍이 약주로 마셨는데 우리 집에서는 인심 후한 어머니 덕분에 드나드는 객들이 더 호사했다. 어머니의 손맛을 자랑하고 싶은 아버지가 친구들을 초대하면, 어머니는 어느 틈에 준비했는지 우거지에 돼지 등뼈를 넣고 끓인 푸짐한 안주와 함께 뒤주 위에 진열되어 있던 인삼주를 아낌없이 내놓으셨다. 인삼주가 약주라 함은 사람을 위할 줄 아는 내 어머니의 따뜻한 정을 두고 한 말이었을 것이다.

경기도 강화 권영미 선생댁

약쑥청(약쑥효소)

재료 및 분량

강화 약쑥 10Kg, 흰설탕 9kg, 덮는 흰설탕 1kg, 굵은소금 40g

만드는 법

1. 쑥은 다듬고 깨끗이 씻어 물기를 거두고, 항아리를 준비하여 소독한다.
2. 큰그릇에 쑥과 설탕을 넣고 고루 버무려 항아리에 눌러 담는다.
3. 항아리에 담긴 쑥 위로 덮는 흰설탕을 넣고 소금을 뿌린다.
4. 항아리 입구를 면보로 덮고 고무줄로 묶은 후 2~3일 간격으로 설탕이 녹을 때까지 한 번씩 저어준다.
5. 약 2~3개월 후 가스가 올라오지 않고 단내와 깊은 향이 올라와 발효가 잘 되면 걸러주고 저온에서 숙성시킨다.

Tip

- 쑥은 잘 씻어 물기를 빼준다.
- 5~10cm 길이로 자르면 버무려 항아리에 넣기가 용이하다.
- 재료명, 만든 날짜, 무게, 설탕의 양 등을 기록하여 붙인다.

효소는 발효식품에 많고 생체 세포 내에서 대사작용을 돕는다고 한다. 때문에 효소의 기능적 측면은 소화를 돕는 유익한 세균이라고 할 수 있다. 단백질을 아미노산으로 분해하여 소화를 촉진시키는 역할을 하는데 이는 음식물의 발효과정에서 크게 나타난다는 것이다. 우리 음식은 김치와 젓갈 같은 발효음식이 대부분이라 그 역사가 이미 오래되었건만 정작 효소에 대한 예찬은 근자에 더 크게 부흥하였다.

어떤 효소를 먹어 암을 고쳤다는 사람들이 늘어나면서 효소가 만병통치약으로 대접을 받고 있는데, 내게 약쑥효소는 그냥 오래 전부터 어머니가 어떤 음식을 만들어줄 때 넣는 양념 같은 식재료였다. 입안이 헐거나 배가 아프면 병원으로 달려가기보다 반질반질한 옹기 속에 담겨있던 쑥청 두어 숟갈이면 해결되었다.

충청도 청주
김남희 선생댁

김남희

(사)대한민국 전통음식 총연합회 대전지회장
김남희 전통음식연구원 원장

- 2010 한국국제요리경연대회 금상 수상
- 2012 한국국제요리경연대회 전통주 전시 문화체육관광부 장관상 수상
- 2012 한국국제요리경연대회 전통주 라이브 금상 수상
- 2012 대전세계조리사대회 한과경연 식품의약품안전청장상 수상
- 2012 대전 세계조리사대회 떡전시 부분 한국관광공사장상 수상
- 2012 대전 세계조리사대회 한과전시 대전시장상 수상
- 2012 전국 떡 명장대회 명장부 동상 수상

어릴 적 나의 놀이는 시장 구경과 요리 프로를 보는 ……

나는 2남 2녀의 셋째로 서울에서 태어났다.
어릴 적 살던 동네에 시장이 가까이 있어 시장 구경하기를 좋아했고 요리 프로를 보는 것도 좋아했다.
초등학교 방학 때 눈을 뜨면 혹시 요리 프로가 끝나지 않았나? 하고 TV부터 켜고 친구가 놀자고 해도 요리 프로가 끝나서야 친구랑 놀곤 했다.
그 날 요리 프로를 보고 내가 만들 수 있는 음식이면 곧장 시장으로 달려가 재료를 구입해서 음식을 만들어 보고 언니 오빠에게 "맛이 어때?"하고 물어 보고서 칭찬 듣기를 좋아 했다.
부모님께서 잠시 시골에 가셔서 며칠씩 집을 비우시면 나는 이때다 하고 내가 만들고 싶던 음식을 모두 만들어 언니, 오빠, 동생에게 먹였다.
어릴 적부터 손재주가 좋았던 나는 엄마가 모든 밑재료 준비를 해 주시면 만두와 송편 빚는 것, 김밥 말기를 좋아했다.

언니, 오빠의 소풍 때면 엄마는 아침 일찍 김밥에 들어갈 재료 준비를 해 놓으시고 나를 깨우셨다.
나는 엄마의 칭찬이 듣고 싶어 고사리 손으로 꼭꼭 김밥을 말았다.
엄마는 음식 솜씨가 좋으셨다.
항상 좋은 식재료가 음식 맛의 최고라고 강조하시고 생선을 구입하실 때나 채소, 장보실 때 좋은 물건 고르는 법을 나에게 가르쳐 주셨다.
손맛 좋으신 엄마와 손재주가 있는 나는 환상의 콤비였다.
늘 바쁘신 엄마는 밑재료 준비를 해 놓으시고 나머지는 나에게 맡기셨다.
내가 시집을 간 후 엄마는 만두 빚을 때 내 생각이 많이 나신다고 하신다…

엄마와 보낸 잊혀지지 않는 시간 ……

초봄 어느 날 항상 바쁘셨던 엄마와 단 둘이 논두렁으로 쑥을 캐러 나간 적이 있었다.
긴 시간 말없이 엄마와 쑥을 뜯고 있는데 나는 쑥 뜯는 것보다 엄마와 둘이 보내는 시간이 좋았다.
4남매 중 셋째로 유난히 엄마와 함께하는 시간을 좋아했다.
부지런하셔서 항상 바쁘게 일을 찾아 하시는 엄마가 그 날은 나와 한가로이 쑥 뜯으러 가신다고 하셔서 어린 나는 엄마랑 둘이 여행을 떠나는 기분으로 여겨진 듯하다.
바람은 차가웠지만 차갑게 느껴지지 않았고 넓은 들녘이 포근하게 느껴졌던 기억이 지금도 눈을 감으면 그때 감정이 오롯이 느껴진다.

엄마 생신상은 내 손으로 챙겨 드리자

우리 집은 큰집과 가까운 곳에 살았다.
명절이나 큰아버지 생신 때면 엄마는 사촌 언니와 하루 종일 음식을 만들어 손님을 치루시곤 하셨다.
엄마 생신은 큰아버지 생신 다음 날이다. 엄마 생신 때 외갓집에서 손님이 오시면 대접할 음식이 없어 어느 날 부턴가 나는 큰집에 가지 않고 중학생인 내가 따로 음식을 준비했다.
돼지고기에 양파와 고추장을 넣어 볶고 여러 가지 과일을 네모지게 잘라 마요네즈에 버무리고… 계란도 말고… 시금치나물, 오징어채 볶음…. 음식이 하나씩 완성될 때마다 맛있게 먹을 외갓집 식구들을 생각하니 나는 너무 행복했다.
지금도 치과의사인 외사촌 오빠를 만나면 그때 그 일과 내 어렸을 적 이야기를 우리 아이들에게 들려주곤 한다.

어릴 적 꿈이 이루어지다 ……

어릴 적 요리 프로를 즐겨 보면서 나는 왜 이런게 재미있을까? 라고 스스로 질문한 적이 있었다.
답은 알지 못했다. 그냥 좋으니까….
고등학교를 졸업하고 일본 지도 제작사에 취직했다.
섬세한 작업이라서 손재주가 있어야 하고 미술, 한문 시험을 치러야 입사할 수 있었다.
나는 평소에 그림 그리기를 좋아하고 담임선생님께서 한문을 철저히 교육시키신 덕에 수석으로 입사했다.
적성에 맞는 직업이라 결혼 전까지 아주 재미있게 일을 했다.
결혼해서 대전에서 터를 잡고 아이 셋을 낳아 막내가 초등학교 입학할 때쯤 내 어릴 적 그냥 좋아서 했던 그것이 생각이 났다. 음식을 배우고 만드는…
아이들이 아직 어려서 나도 공부를 해야겠다고 마음 먹고 집 근처 여성회관에서 평소 배우고 싶어 하던 혼례음식과 떡을 배웠다.
서울에서 공부하려고 했지만 나에게는 꿈과 같았다.
그렇지만 여성회관에서의 공부는 나의 욕구를 채우기에는 너무 부족했다.
2년간 대전에서 공부하고 꿈으로만 생각했던 서울행을 결심했다.
젊은 시절 내가 친구들과 자주 만나던 종로에 (사)한국전통음식연구소가 있었다.
처음 연구소 가던 날 날씨는 추운 겨울이였다.
엘리베이터를 타고 올라가는데 지금의 (사) 한국전통음식연구소 윤숙자 교수님을 처음 뵈었다.
가슴이 터질 듯 하면서 무언가 뜨겁게 올라왔다.
그 곳에서 나는 지금도 꿈을 꾸고 있고, 꿈이 이루어진듯 기쁘고 서울행 기차를 탈 때마다 나는 행복한 여행에 빠진다.

충청도 청주 김남희 선생댁

총계탕(蔥鷄湯方)

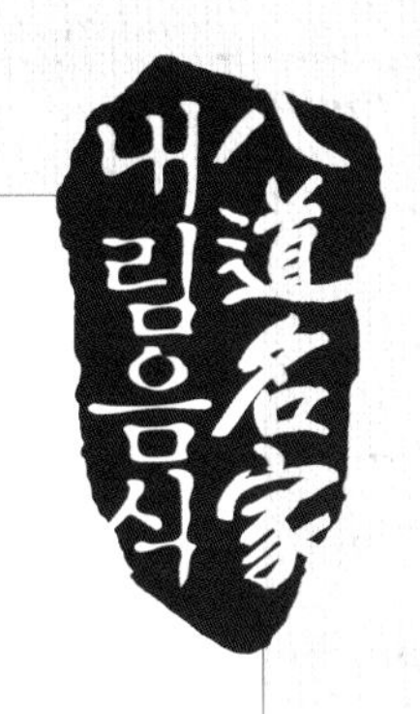

재료 및 분량

닭 1마리(1500g), 물 1.8L, 대파(뿌리부분) 7대
식초, 간장, 참기름 2큰술씩, 달걀 6개

만드는 법

❶ 닭은 내장을 꺼내 깨끗이 씻고 파는 깨끗이 씻어 흰 뿌리 부분만 준비한다.
❷ 솥에 물을 붓고 닭과 대파, 식초, 간장, 참기름을 넣는다.
❸ 센불에 올려 끓으면 중불로 낮추어 40분간 푹 삶는다.
❹ 달걀을 풀어서 끓는 국물에 넣는다.
❺ 익은 달걀이 풀어지지 않게 그릇에 잘 담아낸다.

- 닭은 중간 크기가 육질이 연하고 맛있다.
- 파는 작거나 크지 않고 중간 정도의 것을 사용한다.
- 달걀을 풀어 넣을 때 불을 낮춘 후 줄알을 쳐야 덩어리지지 않는다.
- 담백하고 맛이 특별하다.

초겨울 연애할 때 갑작스레 예비 시댁에 가게 되었다. 시어머니께서는 금방 저녁을 준비하신다며 먹고 가라고 하셔서 기다리고 있는데 얼마 지나지 않아 저녁상이 차려지고 시할머니와 시부모님 그리고 남편과 뜻하지 않게 시댁에서 처음으로 밥을 먹게 되었다. 상에는 큰 그릇에 한가득씩 닭고기가 담겨져 있었는데 나는 깔끔하고 담백한 맛이 나는 닭고기를 한그릇 뚝딱 먹어 비워냈다.
닭고기의 연한 살과 국물에 달걀이 부드럽게 잘 어우러져 수저로 떠 먹을 수 있게 만들어 주셨는데 평소 시부모님이 음식을 복스럽게 먹는 사람을 좋아하신다는 말이 떠올라 더 열심히 먹었던 기억이 난다.

충청도 청주 김남희 선생댁

밀점증병(蜜粘甑餠)

재료 및 분량

찹쌀가루 10컵(1kg), 소금 1큰술, 꿀 1/2컵
밤 10개, 대추 10개, 잣 2큰술
졸임용물(물 1/2컵, 설탕 1큰술)
거피팥고물 5컵(거피팥 2컵, 소금 1/2큰술)

만드는 법

1. 찹쌀가루에 소금과 꿀을 넣고 수분을 맞춰 체에 내린다.
2. 밤은 껍질을 벗겨 가로·세로 1㎝ 정도로 썰고 대추는 돌려 깍아서 같은 크기로 썰어 잣과 함께 졸임용 물에 조려준다.
3. 찹쌀가루에 밤, 대추, 잣 졸인 것을 넣고 섞어준다.
4. 찜기에 젖은 면보를 깔고 거피팥고물을 골고루 뿌리고 고물 섞은 쌀가루를 앉힌 다음 다시 거피팥고물을 골고루 뿌려준다.
5. 김이 오른 찜솥에서 20분 정도 쪄낸 후 적당히 굳으면 먹기 좋은 크기로 썰어 접시에 담아낸다.

Tip

- 찹쌀에 소금을 넣고 가루를 빻기도 한다.
- 밤, 대추, 잣은 조리지 않고 그냥 사용해도 된다.
- 거피팥고물은 질지 않게 만들어 사용한다.
- 찹쌀가루에 수분을 잘 맞추어야 잘 익고 맛있다.

서울에서 학교를 다녔던 나에게 큰 즐거움 중 하나는 방학 때 외갓집에 방문하는 일이었다. 외갓집에는 찬장 깊숙히 꿀단지를 두고 떡을 할 때 요긴하게 쓰곤 하셨는데 그 떡 맛을 지금도 잊을 수가 없다. 효심이 깊은 외숙모님께서는 외할머니께 꿀을 섞은 찰떡을 자주 해 주셨는데 재료 또한 영양가가 듬뿍 담긴 밤, 호박고지, 곶감, 잣 등을 넣고 만들어 외할머니의 건강에 신경쓰셨다. 이가 안좋으신 외할머니는 오물오물 이 떡을 오래 씹어 드셨는데 그때마다 항상 할머니의 얼굴에는 미소가 가득 번지곤 하셨다.

집으로 가야 할 때가 오면 외숙모는 다시 한번 떡을 만들어 내 손에 들려주셨는데 집에 있는 가족들이 좋아할 생각을 하니 나도 모르게 할머니의 미소가 내 얼굴에도 피어올랐다.

충청도 청주 김남희 선생댁

밤설기

재료 및 분량

밤 20개, 멥쌀가루 5컵(500g), 소금 1/2큰술, 설탕 1/2컵

만드는 법

1. 밤은 찜솥에 넣고 쪄서 속을 파낸 후 체에 내린다.
2. 멥쌀가루에 소금과 준비한 밤가루를 넣고 잘 비벼서 체에 내리고 설탕을 넣고 고루 섞는다.
3. 준비한 쌀가루를 시루에 앉혀 가로 · 세로 4㎝ 정도의 크기로 칼집을 내준다.
4. 찜솥에 물을 붓고 끓여 김이 오르면 15분간 찐 뒤 5분 정도 뜸을 들이고 접시에 담아낸다.

Tip

- 찐 밤은 뜨거울 때 체에 내려야 잘 내려간다.
- 황률을 곱게 가루내어 불려서 사용할 수도 있다.
- 설탕 대신 꿀을 넣어도 좋다.
- 수분을 잘 맞춰서 떡을 쪄야 부드럽고 맛있다.

아이들이 어렸을 적엔 남편의 고향 마을을 자주 방문하고는 했었는데 가을이면 어김없이 나지막한 산에 올라가 토종밤 줍기에 모두 열중하였다. 밤나무 밑에는 지천으로 밤송이와 함께 밤들이 떨어져 있었는데 아이들과 가시에 찔려가면서 주운 밤을 한포대 가득 담아 집으로 가져와 명절에 쓸 굵고 좋은 것은 남겨두고 나머지는 모두 까서 쪄 낸 후 절구에 찧어 쌀가루와 섞어 떡을 쪄 놓으면 밤을 좋아하지 않는 아이들도 부드럽고 고소한 맛에 빠져들고 만다. 가을 걷이가 주는 재미를 식구들이 모두 함께했던 그때가 그리울 때가 종종 있다.

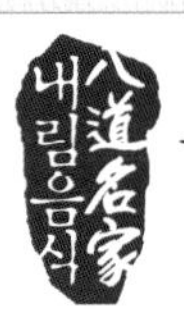

충청도 청주 김남희 선생댁

살구떡(杏餠)

재료 및 분량

살구 10개, 멥쌀가루 10컵(1kg), 소금 1큰술, 설탕 1/2컵

만드는 법

1. 살구는 깨끗이 씻어 씨를 빼고 김이 오른 찜솥에서 5분 정도 쪄서 체에 내린다.
2. 멥쌀가루에 소금과 준비한 살구즙을 넣고 수분을 맞추어 중간체로 두 번 내린다.
3. 준비한 쌀가루에 설탕을 넣고 잘 섞어 시루에 앉힌다.
4. 물솥에 물을 올려 김이 오르면 시루를 앉혀 15분 찌고 5분 정도 뜸을 들이고 접시에 담아낸다.

Tip

- 살구는 색이 곱고 벌레 먹지 않은 것을 사용한다.
- 떡은 수분을 잘 맞추어야 부드럽고 맛있다.
- 먹기 좋은 크기로 칼집을 내고 쪄야 잘린 면이 깨끗하다.
- 뚜껑에 면보를 씌워서 떡을 쪄야 떡 위에 수증기가 떨어지지 않는다.

여름에 살구가 주렁주렁 열매를 맺으면 곱고 예쁜 것은 골라 바로 먹고 벌레 먹은 것은 도려내어 찜솥에서 살짝 쪄서 씨를 발라내고 얼음을 넣고 갈아서 마시면 향도 맛도 좋은 살구 주스를 시원하게 즐길 수 있었다. 그리고 남은 살구즙을 적당히 졸여 미리 준비한 쌀가루에 넣고 말리고, 다시 살구즙을 넣고 말리기를 반복하면 색이 고운 살구떡 가루가 되었다. 한겨울 시할머님 생신이 되면 시어머니께서는 여름에 잘 말려둔 살구떡 가루를 꺼내어 떡케익을 만들어 주셨는데 떡 위에 항상 "축 생신"을 검정콩으로 새겨서 정겨움을 더해 주셨다.

충청도 청주 김남희 선생댁

약과

재료 및 분량

밀가루 1kg, 소금 1큰술, 계핏가루 1/2큰술
참기름 1컵, 꿀 1컵, 생강즙 1/3컵, 청주 2/3컵
튀김기름
집청 : 꿀 2kg

만드는 법

1. 밀가루에 소금과 계핏가루를 넣고 고루 섞어 체에 내린다.
2. 체에 내린 밀가루에 참기름을 넣고 고루 비벼 섞어 체에 내린다.
3. 준비한 가루에 꿀, 생강즙, 술을 넣고 뭉치듯 가볍게 반죽하여 밀대로 밀어준 다음 여러번 겹쳐 1㎝ 정도의 두께로 켜를 내고 꽃 몰드로 모양을 찍고 작게 구멍을 내준다.
4. 100℃ 정도의 기름에 모양낸 반죽을 넣고 떠오를 때까지 튀긴 다음 온도를 높여 갈색이 날 때까지 튀겨 집청한다.

Tip

- 반죽할 때 너무 치대면 끈기가 생겨 약과가 단단하고 부드럽지 않다.
- 기름 온도가 너무 높으면 켜가 잘 나지 않는다.
- 집청 시럽은 물엿과 물을 끓여 농도를 맞추어 사용할 수도 있다.
- 약과에 집청이 속까지 잘 되었으면 체에 건져 청을 빼준다.

중학교 때 가끔 할아버지 제사에 참석하기 위해 시골로 가는 기차에서 보는 바깥 풍경은 한껏 물들기 시작한 단풍이 눈에 한가득 들어 오곤 했다. 큰어머니 댁에 도착해 제사상을 보면 가장 눈에 띄는 것은 네모진 모양에 윤기가 자르르 흐르는 과자였다. 제사가 끝난 후 한 입 베어 물면 과자 사이에 스며들었던 달달한 엿물, 생강과 계피 향이 입안 가득 메워지고 씹을수록 고소한 맛이 나는 것이 자꾸 손이 가게 만들었다. 큰어머니께 살짝 다가가 어떻게 만드느냐고 물어보면 방학 때 다시 내려오면 알려주신다고 하셨던 기억이 난다. 지금 내가 만든 약과는 할아버지 제사에서 맛 본 그 맛을 닮고 싶다.

충청도 청주 김남희 선생댁

잡과편

재료 및 분량

찹쌀가루 5컵, 소금 1/2큰술
고물 : 대추 20개, 곶감 5개, 밤 10개
소 : 밤 20개, 계핏가루 1/4작은술, 꿀 4큰술

만드는 법

1. 대추, 곶감, 밤은 얇게 저며 살짝 말려서 가늘게 채썰어 고물을 만든다.
2. 밤은 삶아서 속을 파내고 체에 내려 꿀과 계핏가루를 넣고 잘 섞어 소를 만든다.
3. 찹쌀가루는 소금을 넣고 물을 넣어 되직하게 반죽해 구멍떡으로 만들어 끓는 물에 삶아 볼에 담고 방망이로 쳐서 네모지게 얇게 펴 준비한 소를 길게 넣고 돌돌 만다.
4. 떡반죽에 꿀을 살짝 바르고 3㎝ 크기로 잘라서 고물을 묻혀서 둥글게 빚는다.

Tip

- 고물로 쓰는 밤과 대추는 곱게 채를 쳐야 떡 모양이 좋다.
- 곱게 채를 친 밤과 대추는 살짝 져서 사용한다.
- 익은 떡은 방망이로 충분히 쳐 주어야 식감이 좋다.
- 떡반죽을 식혀서 모양을 만들면 늘어지지 않는다.

할머니 생신이 되면 가족이 한자리에 모두 모이기에 명절 못지 않은 음식을 푸짐하게 준비하게 된다. 어머니께서는 전날부터 찹쌀가루를 빻아 냉장고에 넣어 두시는 것을 시작으로 음식 준비는 본격적으로 시작되었다. 그 중에 가장 으뜸인 것은 곱게 채 친 대추와 밤을 꺼내 쟁반에 고루 펴 놓으시고 찜솥에서 찐 찰떡을 양푼에 넣어 쫄깃해질때까지 치대어 반대기를 만들어 손칼로 뚝뚝 잘라 고물을 묻혀서 보기만 해도 군침이 넘어가는 단자를 뚝딱 만들어 접시에 곱게 담아내시면 식구들에게 가장 인기가 있었다. 가족들이 하나 둘 모여 맛을 보겠다고 달려들고 너도 나도 입으로 가져가기가 바빴지만 어머니는 그런 모습에 힘드신 기색없이 묵묵히 더 만들어 내셨다.

충청도 청주 김남희 선생댁

증편

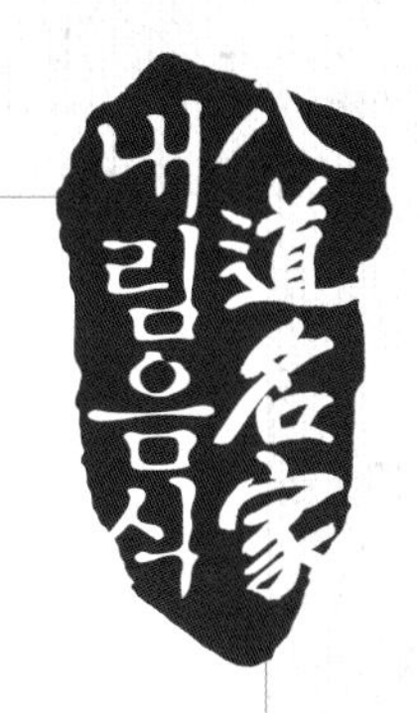

재료 및 분량

멥쌀가루 5컵(450g)
증편 반죽 막걸리(물 3/4컵, 생막걸리 3/4컵, 설탕 1/2컵, 소금 1큰술)
고명 : 잣 1큰술, 대추 5개, 검은깨 1큰술, 석이버섯 3g

만드는 법

1. 50℃ 정도의 따뜻한 물에 막걸리와 설탕, 소금을 넣고 섞는다.
2. 멥쌀가루에 준비한 증편 반죽 막걸리를 넣고 나무주걱으로 고루 젓는다.
3. 반죽을 잘 섞어 35~40℃에서 4시간 정도 두었다가 2.5~3배 정도 부풀어 오르면 주걱으로 잘 저어 가스를 빼준다. (1차 발효)
4. 석이버섯은 잘 불려 닦고 대추와 함께 곱게 채를 쳐서 준비한다.
5. 발효된 반죽을 다시 2시간 같은 방법으로 발효시킨 후 가스를 빼주고(2차 발효) 증편틀에 7부 정도 부어준 다음 준비한 고명을 얹어 10분 정도 3차 발효시킨다.
   김이 오른 찜통에 넣고 약불로 5분, 센불로 10분 정도 쪄준 다음 다시 약불로 낮추어 5분 정도 뜸을 들여 쪄낸다.

Tip

- 멥쌀가루는 고울수록 떡 표면이 매끄럽다.
- 쌀가루와 막걸리는 실온에 두었다가 사용해야 발효 시간을 줄일 수 있다.
- 가스를 뺄 때 충분히 저어 주어야 공기층이 일정하다.
- 더운 여름에는 실온에서도 발효시킬 수 있다.

어릴 적 시장에 가면 넓은 양은 쟁반에 뽀얗게 잘 부푼 떡 위에 흑임자, 대추채, 잣 등 고명이 곱게 올려진 폭신하게 생긴 먹음직스러운 떡이 있었다.
지금도 어디선가 똑같은 모양으로 그 떡이 있을지 모르겠지만 일반 떡집에서는 볼 수 없는 떡이 되었다. 나는 그 떡을 볼 때마다 입에서 침이 고이고 폭신하게 부푼 모양이 눈으로 봐도 부드럽고 떡에서 나는 향기 또한 좋아 자주 사먹던 기억이 난다.
결혼하고 얼마 안 되어 손님을 치루고 남은 막걸리가 있었다.
저녁 때쯤 어머니는 막걸리를 넣은 발효된 묽은 반죽을 둥그런 양은 쟁반에 부으시곤 곱게 채를 썬 석이버섯과 대추채 그리고 잣을 얌전하게 반죽 위에 뿌리셨다.
나는 빵인줄 알고 말없이 어머니 하시는 것만 보았다.
시장에서 사먹던 내가 좋아하는 그 떡이였다.
나는 너무 놀랍고 좋아서 어찌할 줄 모르고 맛있게 먹던 기억이 난다.

충청도 청주 김남희 선생댁

인삼주

재료 및 분량

밑술 : 멥쌀 2kg, 물 2L, 생미삼 200g, 누룩가루 300g
덧술 : 찹쌀 4kg, 생미삼 400g, 솔잎 200g, 물 4L

만드는 법

밑술

1. 멥쌀은 깨끗이 씻어 물에 12시간 담갔다가 건져 곱게 가루로 빻은 다음 뜨거운 물을 넣으며 범벅을 만들어 식힌다.
2. 범벅에 누룩가루와 인삼을 파쇄하여 넣고 잘 버무린 다음 소독된 항아리에 술을 넣고 25℃ 정도에서 3일간 발효시킨다.

덧술

1. 찹쌀을 깨끗이 씻어 물에 8시간 담갔다가 건져 솔잎을 얹어 40분 정도 잘 익게 고두밥을 찐 다음 채반에 펼쳐 식힌다.
2. 준비한 고두밥에 파쇄한 생미삼과 밑술을 넣고 버무리고 물을 섞어 술독에 담아 2주 정도 발효시킨다.
3. 발효된 술은 사주머니로 걸러 소독한 병에 담고 냉장고에서 한달간 숙성시킨다.

Tip

- 쌀은 굵고 깨지지 않은 것이 좋으며 쌀을 깨끗이 씻어 잘 불려 쓴다.
- 물은 끓여 식힌 물이나 생수를 사용한다.
- 항아리는 깨끗하게 소독해서 사용한다.
- 초기 발효시킬 때 잘 저어 주면서 온도 관리를 잘 해야 술이 시어지지 않는다.

한 번은 남편을 따라 안동에 내려간적이 있었다. 작은 산으로 둘러싸인 조그마한 마을이었는데 언덕에서 마을을 내려다 보면 한눈에 마을의 모습이 다 들어와 포근한 인상을 주기에 충분했다. 마을에 내려와 이곳 저곳을 구경하는데 가까운 친척분이 시할머니께 전해 드리라며 인삼을 캐서 주셨다. 집으로 가져오니 시할머니께서는 인삼을 나누어 반은 말리고 나머지 반은 생으로 잘 보관하시고는 제주로 쓰일 술에 쓰실 거라며 갈무리 해두셨다. 시어머니께서 미리 고두밥을 찐 후 차게 식혀 놓고 잘 갈무리해 둔 인삼을 넣고 시할머니께서 지켜보시는 가운데 인삼주를 정성스레 담구셨다. 제주 하나에도 이렇게 정성을 쏟아 만드시는 모습에 마음이 숙연해졌다.

충청도 청주 김남희 선생댁

조이당(造飴糖法)

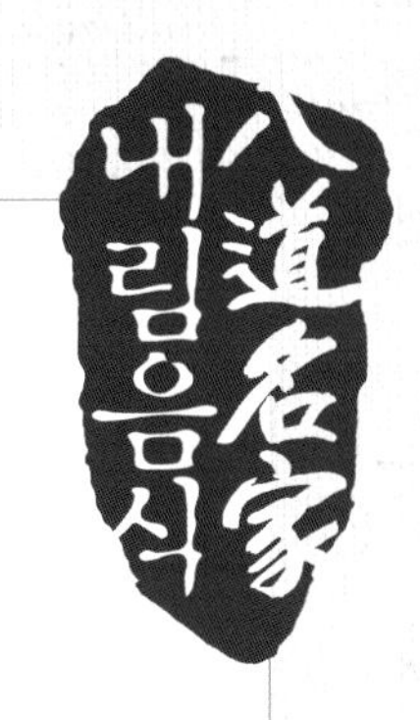

재료 및 분량

찹쌀 2kg, 물 3L, 엿기름 200g

만드는 법

❶ 찹쌀은 깨끗이 씻어서 2~3시간 불린 다음 냄비에 넣고 물을 부어 센불에서 끓으면 중불로 낮추어 15분간 끓여서 묽게 죽을 쑤어 미지근하게 식힌다.

❷ 적당히 식힌 찹쌀죽에 엿기름가루를 넣고 잘 섞어서 그릇에 넣는다.

❸ 냄비에 물을 넣고 센불에서 끓으면 엿기름가루와 찹쌀죽을 넣은 그릇을 넣고 중탕으로 삭혀서 베주머니에 넣고 꼭 짜서 찌꺼기는 버리고 엿물을 만든다.

❹ 준비한 엿물을 다시 솥에 부어 센불에 올려 끓으면 중불로 낮추어 4시간 정도 조리다가 약불로 낮추어 1시간 정도 더 졸인다.

Tip

- 엿기름가루가 햇것으로 좋아야 잘 삭혀진다.
- 많은 양을 삭힐 때는 중탕해서 삭힌다.
- 농도가 묽어지면 잘 저어 주면서 졸인다.
- 은근한 불에서 졸여야 색과 질감이 좋다.

어머니가 시골 외할머니댁에 다녀오실 때면 항상 엿을 갖고 오시곤 하셨다. 외할머니께서는 엿기름도 잘 만드시고 엿도 잘 고으셨는데 그 맛 또한 일품이었다. 달지도 않고 구수한 것이 꿀보다도 더 맛이 있었다. 학교를 마치고 친구들과 놀다보면 어느새 배에서는 꼬르륵거리는 소리에 부엌으로 뛰어들어가 찬장 위 둥글납작한 단지를 꺼내어 숟가락 한 가득 엿물을 퍼내어 먹기도 하였는데 엿 단지에 바닥이 보일 때까지는 부엌에 들락날락하는 수고를 해야만 했다. 지금도 잘 고아진 엿을 보면 외할머니가 보고싶어지는 것은 당연한 일인 것 같다.

충청도 청주 김남희 선생댁

대추식초

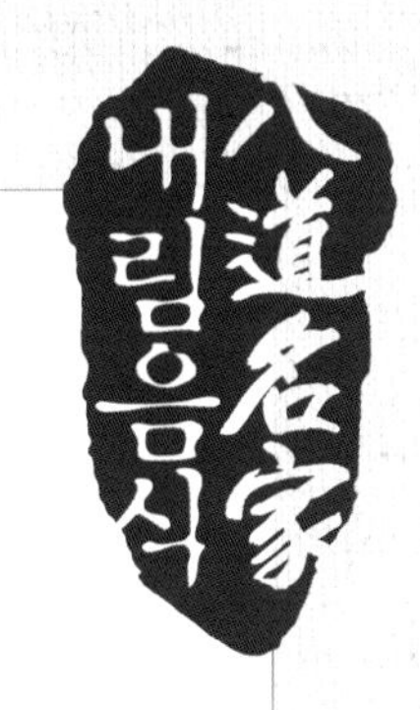

재료 및 분량

풋대추 1kg, 끓여 식힌 물 10컵(2L), 누룩 200g
소독된 항아리

만드는 법

1. 항아리는 깨끗이 씻은 다음 물기를 빼고 거꾸로 엎고 중불에서 5분 정도 소독한다.
2. 대추는 꼭지를 떼고 깨끗이 씻어 물기를 뺀다.
3. 물기를 뺀 대추에 누룩가루와 물을 넣고 잘 버무린다.
4. 항아리에 잘 버무린 대추를 넣고 기름종이로 밀봉한다.
5. 30~35℃에서 30일 정도 발효시킨 후 대추를 걸러 숙성시킨 후 잘 보관해서 먹는다.

Tip

- 누룩은 곱게 가루로 빻아서 사용한다.
- 생수를 사용해도 좋다.
- 대추는 상처가 없는 좋은 대추를 사용한다.
- 대추 꼭지 뗀 부분을 깨끗이 닦아야 잡균이 들어가지 않는다.

어릴 적 대청마루 한켠에는 항상 대추가 풍성하게 말려지고 있었다. 호기심에 덜 마른 대추를 하나 입에 넣었는데 그 달달함은 아직도 입 안 가득 생생하게 남아 있는 것 같다. 그 이후부터 대추가 말려질 때쯤 대청마루를 지나 다닐 때면 항상 내 손에는 대추가 서너개씩 들려 있었다. 어머니께서는 대추가 여자 몸에 좋다며 푸른기가 남아있는 대추는 초를 만들어 두시고 나머지는 잘 말려 두었다가 틈틈이 푹 고아서 우리들에게 먹이셨다.
대추초는 음식에 넣어 맛깔스러움을 더해 주기도 하고 물에 타서 새콤달콤한 음료로 즐기기도 하였다.

전라도 해남
김순연 선생댁

김순연

김순연한국전통발효음식연구원
해원한정식 대표

- 2011 한국국제요리경연대회 궁중음식부문 금상 수상
- 2011 세종대학교 한식스타쉐프과정 수료
- 2012 한국국제요리경연대회 전통주부문 금상 수상
- 2013 한국국제요리경연대회 시절음식부문 농림축산 식품부장관상 수상, 금상 수상

해풍이 부는 따뜻한 땅끝마을

흔히들 해남이라 하면 땅끝마을 얼지 않는 배추, 낙지, 김 등을 떠올릴 것이다. 내 나이 29살이었던 해 1월28일 지금의 남편과 백년가약을 맺고 태어나서 처음으로 전라남도 해남이라는 땅에 발을 디뎠다. 나의 고향 밀양은 경부선이 연결되어 있어 교통이 그리 불편하지 않았는데 전라도 해남은 고속도로를 이용하지 않으면 교통이 매우 불편하였다. 고속도로를 달리다보니 산은 그리 높지 않고 기름진 평야지대가 넓디 넓게 펼쳐져 있었고 기름진 평야가 많으니 풍유를 알고 양념이 발달하여 음식의 맛이 감칠나고 종류도 다양하였고 바다를 접해 있으니 해산물이 풍부하여 젓갈이나 해산물을 이용한 요리 또한 풍부할 수밖에 없구나하는 생각이 나의 뇌리를 스쳐지나가고 있었다. 나의 친정은 경상남도 밀양 그야말로 전라도와 경상도의 만남이었다. 성당을 같이 다니던 막내시누이와의 우연한 만남이 결혼으로 이어졌고 남편과 장남 김지욱, 차남 김지민과 행복하고 따뜻한 가정을 일구며 살고 있다.

사랑과 끈끈한 정이 많으신 시숙님과 큰형님,그리고 나의 남편

시댁은 김수로왕의 73대손 사곤파이며 4남 3녀 칠남매이다. 1995년 남편과 첫 신혼살림을 성북구 삼선교에 터를 일구고 남편은 큰집에서 운영하는 한정식집에서 관리책임자로 있었으며 나는 고대병원 간호부 공채시험에 합격하여 근무하고 있었다. 음식의 음자로 모르는 나는 시댁의 한정식집이 어렵고 두렵기만 하였다. 도와 드리고 싶어도 음식을 잘 모르니 폐끼치지 않을까 염려 때문에 감히 손도 대어보지 못했다. 제삿날이 다가오면 언제나 걱정이 먼저 앞서고 오늘이 빨리 갔으면 하는 마음 뿐이었다. 세월이 흘러 지난 시간들을 되짚어보니 그렇게도 철이 없고 편식이 심한 나를 큰형님은 언제나 꾸짖기보단 말없이 지켜봐 주시고 첫 아이를 낳았을 때도 미역국을 이고 5층 계단을 걸어 올라와 먹으라고 위로해 주시던 정 많은 나의 형님. 입덧이 심하여 음식을 많이 가렸는데 남편은 내가 석류를 좋아한다고 했더니 경동시장구석구석을 헤메며 어렵게 구해왔는데 이틀만에 다 먹어버리고 또 구해달라고 졸랐더니 어디서 구했는지 또 한 박스를 구해와서 빙그레 웃어면서 "실컷 먹어. 지금 먹고 싶은 것 못먹으면 한이 된다지." 하던 말이 생각난다. 언제나 마음한구석에 그때의고마움을 간직하고 감사하며 책갈피의 단풍잎처럼 고이 간직하려 한다.

남편의 고향 해남

남편은 자주 옛날이야기를 해준다. 자신이 어릴 적에는 김농사를 동네 어르신들은 물론이고 어린 우리들도 손으로 김발에 걸린 김을 손으로 모두 뜯어 하나하나 김발에 발라 해풍에 말려 작업한 뒤 차곡차곡 쌓아 시장에 내다팔아 목돈을 마련하고 못난 놈은 밥반찬으로 먹기도 했다고도 한다. 그래서 계절 중에 겨울, 특히 바람이 많이 부는 날이 제일 싫은데 왜냐하면 겨울이 되면 손이 시려워 호호 입김을 불어가며 작업을 해야 하고 새벽에 일어나 라디오를 통해 일기예보에 풍랑이 세게 인다는 소리를 들으면 어머니, 아버지 걱정을 해야 하고 김 말려놓은 해변가를 뛰어가 걷어들여야 하니까 제일 싫었다고 한다. 그리고 우리 동네는 배추가 겨울에도 얼지 않는데 왜냐하면 배추에 수분이 다른 데보다 적다보니 따뜻한 남쪽지방이라 그런지 눈이와도 신문지에 싸두면 얼지 않는다고 하였다. 언젠가 해남을 가보니 정말 배추가 얼지 않고 눈밭에 그대로 있었다. 여름이면 햇살이 따가와 말려놓은 고추들이 바삭바삭 서로를 간질이며 예쁜 빨간저고리를 뽐내곤 한다.

병풍처럼 둘러쳐진 영남의 알프스 나의 고향 밀양,
그리고 한국전통음식연구소

밀양은 예로부터 영남루를 중심에 두고 밀양박씨와 밀성손씨를 배경으로 발전한 도시이기도 하다. 나는 밀성손씨 재단의 여중과 여고를 나왔으며 나의 은사님들도 대부분 박씨 아니면 손씨 성을 가지신 분이 대부분이다. 밤이 되어 차를 타고 집으로 가노라면 들녘이 환하다. 왜냐하면 깻잎들이 낮인줄 알고 성장을 하기 때문이다. 봄이 되면 하우스에서는 딸기가 향기로운 내음을 풍기며 빨갛게 익어가고 집 뒷밭에서는 고추가 익어가고 도랑가 돌담밭에서는 미나리들이 머리를 풀고 졸졸졸 흐르는 시냇물에 머리를 감는 언제나 마음속의 나의 카타르시스, 나의 고향 밀양! 동의보감을 지은 허준의 스승 유의태를 해부한 곳으로 유명한 얼음골, 의병 활동으로 유명한 표충사와 사명대사, 영남루를 배경으로한 아랑각의 전설, 원혼을 달래주기 위해 해마다 열리는 연중행사 아랑제 등 볼거리도 많고 마음을 휴식을 찾기도 좋은 나의 고향은 친정어머니가 언제나 나를 반기시고 할머니와 아버지도 산 위에서 계곡 위에서 언제나 나를 반겨주신다. 그리고 지금의 나를 있게 해준 (사)한국전통음식연구소, 그곳에 계신 윤숙자 교수님과 이명숙 원장님… 그분들이 계시기에 지금 나는 여기에 있고, 미래의 큰 꿈과 희망을 갖고 있다.

전라도 해남 김순연 선생댁

굴매생이탕

재료 및 분량

매생이 600g, 참기름 15g($1\frac{1}{2}$큰술)
물 600g(3컵), 생굴 20g
양념장 : 집간장(국간장) 1큰술, 마늘 $\frac{1}{2}$큰술

만드는 법

1. 매생이는 바구니에 받쳐 맑은 물이 나올 때까지 깨끗이 씻은 다음 물기를 꼭 짠다.
2. 달구어진 냄비에 참기름을 두르고 매생이를 넣어 재빨리 볶는다.
3. 매생이가 파랗게 볶아지면 물을 붓고 끓으면 집간장으로 간을 맞춘다.
4. 손질한 굴을 마지막에 넣고 한소큼 끓으면 불을 끈다.
5. 완성 그릇에 따뜻할 때 담아낸다.

Tip

- 매생이는 센불에서 재빨리 볶아야 색깔이 파랗고 부드럽다.
- 참기름을 먼저 넣고 볶아야 향이 우러난다.
- 너무 오래 끓이면 매생이의 색이 누렇게 된다.
- 매생이가 물보다 많아야 좋다.

시댁은 동네에서 20년 이상 한식집을 운영한 유명한 식당이었는데 결혼 전까지 직장생활만 하다보니 음식을 만들기는커녕 잘 알지도 못했던 나에게는 모든 일이 버거웠다. 더군다나 전라도 음식은 생소해서 가족잔치가 벌어질 때면 상위에 올려지는 낙지, 홍어, 게장 등 내겐 익숙하지 않은 것들 뿐이었다. 그 중에 매생이는 파래도 미역도 아닌 것이 부들부들하게 생겨 새콤한 초회로 무쳐먹기도 하고 참기름에 볶아 국간장으로 간을 해서 미운사위에게만 준다는 매생이탕으로도 만들어 먹었다. 그렇게 생소하게만 생각되었던 음식들을 접한지가 벌써 20년이 되고나니 나도 모르게 전라도 아줌마의 음식으로 한 상 잘 차려 낼 수 있는 경지에 이르렀다. 철 모르던 경상도 아가씨는 이제 어디에서도 찾아볼 수가 없게 되었다.

전라도 해남 김순연 선생댁

육개장(肉狗醬)

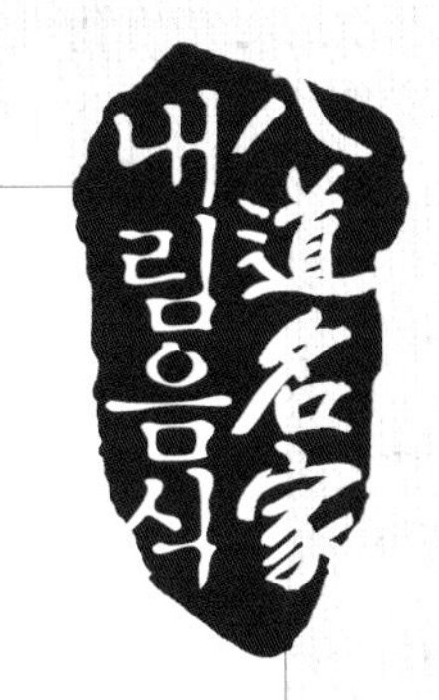

재료 및 분량

쇠고기(양지) 300g, 쇠고기(사태) 100g, 도가니 70g
내장 35g, 소금 5g(내장 씻는양), 밀가루 15g(내장 닦는양)
튀하는 물 2㎏(10컵), 물 5㎏(25컵)
무 200g(⅕개), 참기름 1½큰술
향신채 : 파 100g, 마늘 42g, 양파 130g(1개)
양념장 : 청장 2큰술, 고춧가루 4큰술, 다진파 4큰술
다진마늘 2큰술, 참기름 1큰술
소금 2작은술

만드는 법

❶ 쇠고기는 핏물을 닦고 내장은 소금과 밀가루를 넣고 주물러 깨끗이 씻는다.

❷ 냄비에 물을 넣고 센불에서 끓으면 내장과 도가니를 넣고 5분 정도 튀해서 헹군다.

❸ 냄비에 물과 내장, 도가니를 함께 넣고 센불에 올려 끓으면 중불로 낮추어 30분 정도 끓이다가 향채와 쇠고기를 넣고 30분 정도 더 끓인다.

❹ 내장과 쇠고기는 건져 4cm 정도의 길이로 썰고 도가니는 3시간 정도 물을 추가하면서 끓이고 도가니는 건지고 국물은 식혀 기름을 걷어낸다.

❺ 냄비에 무를 썰어 참기름과 함께 볶다가 준비한 육수를 붓고 끓으면 양념한 고기와 파를 넣고 약불에서 30분 정도 끓이다가 소금으로 간을 맞춘다.

Tip

- 쇠고기는 핏물을 뺀다.
- 무를 참기름으로 볶아서 육수를 부어 쇠고기와 같이 끓이면 깊은 맛이 우러난다.
- 내장은 끓는 물에 데쳐내야 냄새가 나지 않는다.
- 도가니는 5시간 정도 푹 끓인다.

시골에는 함께 일을 나누어 돕는 품앗이라는게 있어 이웃 모두 내일처럼 도와주는게 당연히 여겨졌다. 아버지는 건강이 좋지 않으셔서 어머니께서 항상 일이 많아 안팎으로 힘이 많이 드셨다. 그러다 내가 초등학교 6학년 초겨울 무렵 아버지가 돌아가셨는데 장례를 치루던 날을 잊을 수가 없다. 큰 가마솥에 무, 쇠고기, 내장 등을 넣고 육개장을 한가득 끓여 조문 오신 손님들에게 한그릇씩 내어드리면 음식을 드시다가도 안쓰러운 표정으로 남겨진 우리 식구들을 한번씩 올려다 보시곤 하였다. 지금도 육개장을 보면 아버지의 장례가 떠올라 눈물이 먼저 나는 것은 어쩔 수가 없나보다.

전라도 해남 김순연 선생댁

추포탕(麤布湯)

재료 및 분량

쇠고기 70g, 천엽 40g, 창자 40g, 소금 30g, 밀가루 60g, 물 120g(튀하는 물)
양념 : 소금 5g, 청장 15g, 후춧가루 3g, 참기름 5g
오이 3개, 소금 5g
무 15g, 소금 5g
참깨 150g, 물 200g, 소금 2g

만드는 법

1. 쇠고기는 핏물을 닦고, 내장은 소금과 밀가루를 넣고 주물러 깨끗이 씻는다.
2. 냄비에 물을 넣고 센불에서 끓으면 내장을 넣고 5분 정도 튀해서 헹군다.
3. 냄비에 쇠고기와 내장, 물을 넣고 센불에 올려 끓으면 중불로 낮추어 30분 정도 끓이다가 향채를 넣고 1시간 정도 삶아 건져서 가로 2㎝, 세로 3㎝ 정도의 골패모양으로 썰어 양념장으로 양념한다.
4. 오이와 무, 고기는 같은 크기로 썰어 살짝 절인 후 물기를 꼭 짠다.
5. 참깨는 깨끗이 씻어서 껍질을 벗겨 볶아서 믹서기에 물과 함께 넣고 갈아서 소금을 넣고 준비한 고기와 오이, 무를 넣는다.

Tip

- 내장은 소금과 밀가루로 깨끗이 씻어야 냄새가 나지 않는다.
- 내장을 삶을 때 끝을 명주실로 꼭꼭 감아야 내장곱이 빠져 나가지 않아 고소한 맛을 느낄 수 있다.
- 오이와 무를 소금에 절여야 아삭한 맛을 느낄 수 있다.
- 내장을 삶을 때 커피를 넣으면 누린 냄새를 줄일 수 있다.

아침 저녁으로 시원한 바람이 부는 처서가 오면 가을이 성큼 다가온 것을 느끼게 된다. 내가 살던 시골에는 집 앞에 개천이 있었는데 유난히 물이 맑아 미꾸라지들이 많았다. 논두렁 사이 웅덩이에 바구니를 바쳐놓고 한쪽으로 몰아 내려오면 어느덧 미꾸라지가 한가득 파닥거리며 뛰고 있었다. 어머니께 가져가 추어탕을 끓여 달라 졸라대면 호박잎과 숙주 등 꾸미를 많이 넣고 맛있게 끓여주셨다. 결혼 후 시댁에서는 쇠고기, 내장, 천엽 등을 넣은 탕을 끓여 참깨를 갈아 넣고 먹었는데 남편은 이 음식을 추포탕이라고 일러 주었다. 시댁에서는 아주 무더운 날 영양보충을 위해 꼭 먹는 보양음식이라고 했는데 어릴 때 먹었던 추어탕 생각이 지꾸 나는 것이 어머니의 맛이 그리워서였나 보다!

전라도 해남 김순연 선생댁

노각겨자무침

재료 및 분량

늙은오이(노각) 250g($\frac{1}{4}$개), 소금 10g(절임용)
양념 : 소금 $\frac{1}{2}$작은술, 설탕 $1\frac{2}{3}$큰술, 현미식초 $1\frac{2}{3}$큰술
발효겨자 $1\frac{2}{3}$큰술, 다진마늘 $\frac{1}{2}$작은술, 깨소금 1작은술

만드는 법

1. 노각은 깨끗이 씻어 껍질을 벗기고 속을 긁어 낸다.
2. 준비한 노각은 얇게 저민 다음 실처럼 가늘게 채 썰어 소금에 절인다.
3. 절인 노각은 꼭 짜서 양념을 넣고 잘 무친다.
4. 발효가 잘 된 겨자를 넣고 무친다.
5. 그릇에 보기 좋게 담아낸다.

Tip

- 노각은 싱싱해야 향이 있고 맛이 있다.
- 노각은 물기를 꼭 짠다.
- 노각의 씨는 하나도 남기지 않고 긁어 낸다.
- 가늘게 썰어야 매끈해서 먹기가 좋다.

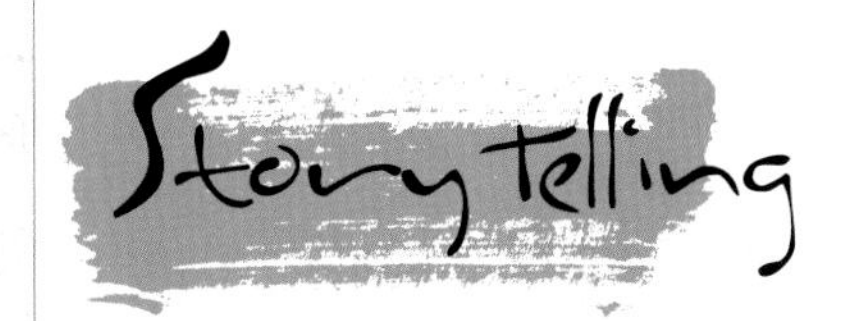

늙은오이(노각)를 고서에는 황과라고 부르며, 노각무침을 황과개채라고 전하고 있다. 내가 어린 시절 우리 집에는 꽤 넓은 텃밭이 있어서 상추, 시금치, 배추, 무, 고추, 도라지 등을 심어 놓고 끼니 때마다 푸성귀를 뽑아 반찬으로 쓰곤 하였는데, 할머니께서 나를 텃밭으로 심부름을 보낼 때면 나는 담장에 쭉 드리워진 울타리에 주렁주렁 새파랗게 열린 오이를 따서 가시를 옷에 슥슥 문질러 내고는 한입베어 물고 그 상큼함을 한껏 느끼며 돌아오곤 하였다. 사각거리며 씹을 때마다 맛있는 오이즙이 목구멍을 타고 넘어가 갈증도 풀어주고 허기도 채울 수 있었던 내게는 참 고마운 먹거리였다. 지금까지 내가 오이를 좋아하는건 어린시절 그 추억이 함께 하기 때문일 것이다.

전라도 해남 김순연 선생댁

매생이 청포묵

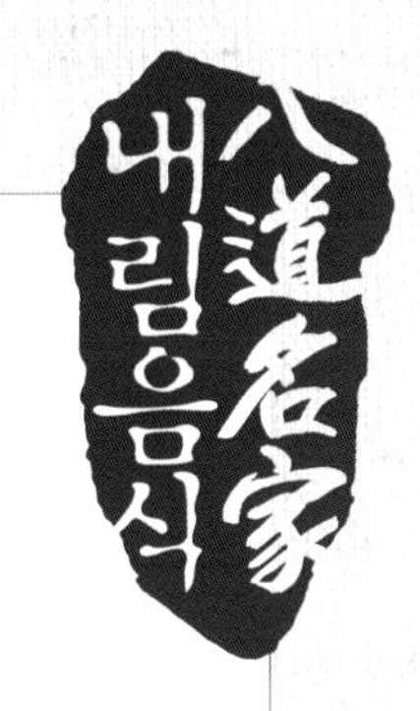

재료 및 분량

매생이 33g, 청포묵가루 24g, 끓여 식힌 물 400g(2컵)
소금 $\frac{1}{4}$작은술

만드는 법

❶ 냄비에 청포묵가루와 물을 넣고 잘 풀어서 센불에 올려 끓으면 중불로 낮추어 10분 정도 저어가며 끓인다.

❷ 뚝뚝 떨어지는 농도가 되면 매생이와 소금을 넣고 재빨리 저어 2분 정도 끓이면서 뜸을 들인다.

❸ 잘 쑤어진 묵은 네모진 그릇에 부어 2~3시간 동안 굳힌다.

❹ 매생이묵이 굳으면 가로 3㎝, 세로 4㎝, 높이 1.5㎝ 정도로 썬다.

❺ 그릇에 예쁘게 담아낸다.

Tip

- 물과 청포묵가루, 매생이 비율을 잘 맞춘다.
- 묵을 굳힐 그릇은 바닥에 물기가 있어야 잘 떨어진다.
- 빠른 시간 내에 묵을 쑤어야 매생이 색이 파랗게 살아있다.
- 만들어서 바로 먹어야 질감을 느낄 수 있다.

청포묵을 만들다 보니 갑자기 도토리묵이 생각이 난다. 어릴적 뒷산에는 떡갈나무가 많아 가을이면 동생들과 함께 왕굴밤을 주우러 다니면 시간가는줄 몰랐다. 주워온 도토리는 방앗간에 가져가 곱게 갈아 시루에 올려놓고 물을 내려 떫은 맛을 없애 가루로 만들어 큰 가마솥에 넣고 주걱으로 저어가며 푹푹소리가 날때 까지 끓여서 묵을 만들어 먹었다. 양을 넉넉히 만들어 우리가 먹기도 하고 장날이면 갖고 나가 팔기도 했다.

청포묵을 만드는 날이면 어머니께서는 귀한 것이라고 하시며 장에 내다 팔지 않고 제삿날이나 집안 어르신 생신상에 올리곤 하셨는데 아버지와 생일이 같은 나는 청포묵을 먹을 수 있는 행운이 있었다. 그때는 청포묵이 어찌나 맛있었는지……양념을 많이 하지 않아도 호루룩 목으로 넘어가는 느낌은 잊을 수가 없다.

전라도 해남 김순연 선생댁

육전(肉煎)

재료 및 분량

쇠고기(등심) 500g
양념 : 간장 3큰술, 다진파 2큰술, 다진마늘 1큰술, 깨소금 1큰술
후춧가루 ⅓작은술, 참기름 1½큰술
밀가루 200g, 달걀 3개
식용유 1큰술

만드는 법

1. 쇠고기는 핏물을 닦고, 기름기와 힘줄을 떼어내고, 쇠고기 결의 반대방향으로 가로 5㎝, 세로 7㎝, 두께 0.3~0.5㎝로 썬다.
2. 양념장을 만들어 준비한 쇠고기에 넣고 재워 놓는다.
3. 양념이 배어들은 쇠고기에 밀가루를 묻히고 달걀물을 입힌다.
4. 후라이팬을 달구어 식용유를 두르고 양념한 쇠고기를 한 장씩 가지런히 놓고 중불에서 앞면을 2분 정도 지진 다음 뒤집어서 2분 정도 지진다.

Tip

- 양념장에 너무 오래 재우면 탈수되어 색이 검어지고 고기가 질기다.
- 고기를 결대로 썰면 질기므로 결 반대 방향으로 썬다.
- 전을 지질 때 중불에서 노릇하게 지진다.
- 쇠고기의 핏물이 덜 빠지면 전을 부칠 때 육즙이 흘러나와 전의 색이 좋지 않다.

예로부터 뼈대있는 집안에서는 제사에 빠지지 않고 올리는 음식이 육전이라고 했을 만큼 육전은 그 집안의 재력을 알 수 있는 척도로 쓰이기도 하고 한 집안의 세를 표현하는 수단으로 이용되기도 하였다. 육전은 쇠고기 중에서도 가장 좋은 부위로 전을 부치기 때문에 고급스러운 음식이라고 할 수 있는데 쇠고기 채끝살을 얇게 썰어 칼집을 넣어 연하게 하고 밀가루와 계란을 살짝 입혀 핏물이 보이지 않게 부쳐내면 질기지 않고 씹는 맛이 좋다. 시댁에는 1년에 치루는 제사가 7번이 있는데 그때마다 큰형님께서는 내게 전을 부치라고 하시면 처음에는 걱정만 앞서 제대로 해내지 못할까 노심초사하였는데 이제는 세월이 흘러 맛깔스럽게 전을 부쳐내는 내 모습에 흐뭇해지기도 한다.

전라도 해남 김순연 선생댁

고들빼기 장아찌

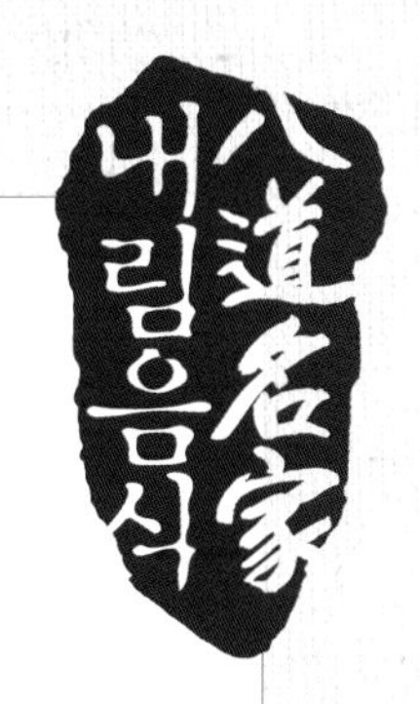

재료 및 분량

고들빼기 300g, 물 300g(쓴맛 우려내는 물 1½컵)
양념장 : 간장 2큰술, 식초 150g, 설탕 3큰술
물 300g(1½컵)
갖은양념 : 고춧가루 2작은술, 다진파 ½큰술
다진마늘 1작은술, 통깨 1작은술, 참기름 1큰술

만드는 법

1. 고들빼기는 물을 바꾸어 가며 하룻밤 정도 담구어 쓴맛을 우려낸 뒤 채반에 널어 꾸덕꾸덕하게 말린다.
2. 양념장 재료를 넣고 끓여서 건더기는 건지고 양념장을 만든다.
3. 용기에 고들빼기를 넣고 달임장을 부운 뒤 떠오르지 않게 눌러놓는다. 5일 간격으로 양념장을 따라내어 다시 끓여서 3번 정도 반복한다.
4. 서늘하고 통풍이 잘 되는 곳에 보관하고 먹을 만큼만 덜어 갖은양념에 무쳐 먹는다.

- 야생 고들빼기는 쓴맛이 강해서 5~7일 우려내야 한다.
- 하우스에서 재배한 것은 향이 적어 하루 정도만 우려내도 된다.
- 소금물에 절이면 질겨지므로 물에 담구어 쓴맛을 우려낸다.
- 꾸덕꾸덕하게 말려서 장아찌를 담구면 수분이 빠져나와 양념이 잘 흡수되어 깊은 맛을 낼 수 있다.

첫아들을 낳고 15일만에 남편의 고향인 해남땅을 처음 밟게 되어 동네에 사시는 친척들에게 인사를 다녔었다. 한여름이었는데도 밤에는 시원한 바닷바람이 불어주어 참 기분좋게 다녔던 기억이 난다. 그 중 가장 기억에 남는 건 어느 식당에 들어가 먹었던 고들빼기김치이다. 함께 나온 문절이회 무침과 밥을 참 맛있게 먹었는데 처음 먹어본 맛이었지만 내 입맛이 참 잘 맞았다.

친정어머니가 만들어 주시던 김치의 곰삭은 맛이랄까? 쌉싸름하게 입안 가득히 퍼지던 김치의 향이 생각나 얼마전 고들빼기김치와 장아찌를 담구었다. 그때의 그 맛이 날지는 잘 모르겠지만 정성스레 잘 익혀서 어머니께 한 통 보내야겠다.

전라도 해남 김순연 선생댁

자리돔젓

재료 및 분량

자리돔 200g
소금 100g(자리돔 버무리는 소금량)
제피잎 10장
양념 : 고운고춧가루 1큰술, 청고추 10g($\frac{2}{3}$개), 홍고추 10g($\frac{1}{2}$개)
깨소금 1작은술, 파 15g, 마늘 5g, 생강 5g

만드는 법

1. 자리돔은 작고 통통한 것을 깨끗하게 씻어 손질하고 소쿠리에 받쳐 물기를 뺀다.
2. 준비한 자리돔은 굵은 소금에 버무려 단지에 담고 위에 소금을 편편하게 뿌린다.
3. 소금에 절인 자리돔 위에 제피잎을 덮고 그늘지고 통풍이 잘 되는 서늘한 곳에서 3개월 정도 숙성시킨다.
4. 잘 숙성된 자리돔을 꺼내서 1cm 폭으로 썰어 양념을 넣고 무친다.

Tip

- 자리돔젓은 작고 통통한 자리돔으로 만들어야 맛이 있다.
- 호렴으로 버무려야 좋은 맛을 낼 수 있다.
- 자리돔젓은 전라남도와 제주해안에서 잡히는 생선류이다.
- 보리가 익을 무렵인 5~6월에 담가야 맛이 있다.

남편의 고향은 전라남도 해남 구림리라는 곳이다. 여행삼아 남편과 고향을 찾아가 보았는데 고향분들이 반갑다며 함께 식사하기를 청해 기꺼이 응했던 자리에는 미역국, 문절이 회무침, 여러 가지 생선회를 내어 오면서 먹어보라고 권해주셨다. 내가 살던 곳은 바다가 인접해 있지 않아 해산물을 이용한 반찬이 생소하기만 하였다. 그 중 한 어르신이 귀한 음식이라며 자리돔젓을 갖고 오셔서 먹어보라고 권해 주시며 자리돔은 쪄서 먹기도 하고, 자리돔젓을 만들어 먹기도 한다고 했다. 처음먹어보는 나도 참 맛있게 먹었던 기억이 있다. 지금도 입맛이 없을 때 밥을 물에 말아 조금씩 얹어 먹으면 고소한 맛이 일품이다.

전라도 해남 김순연 선생댁

맥문동 정과

재료 및 분량

맥문동 150g, 데치는 물 400g(2컵), 소금 $\frac{1}{2}$작은술
물 200g, 설탕 4큰술
물엿 1큰술, 꿀 1큰술

만드는 법

❶ 맥문동은 좋은 열매를 골라 물에 불린다.
❷ 맥문동을 끓는 물에 소금을 넣고 10분 정도 데친다.
❸ 냄비에 물과 설탕, 맥문동을 넣고 센불에서 10분 정도 끓인 다음 약한불로 낮추어 3시간 정도 끓인다.
❹ 다시 2시간 정도 중탕을 한 다음 물엿과 꿀을 넣고 한소끔 더 끓인다.
❺ 졸여진 맥문동을 그릇에 예쁘게 담아낸다.

Tip

- 맥문동은 물에 푹 담구어 불려야 색깔이 맑고 투명하다.
- 약한불에서 은근히 끓여야 윤기가 나고 맛이 있다.
- 만들어서 냉장고에 보관해 두고 먹는다.

여름은 무덥고 습기가 많으나 제약산을 줄기로 하여 영남의 알프스라고 할 정도로 경치가 뛰어나다. 또한 겨울은 많이 추워 연교차가 크게 나서 약초 재배에 유리하다. 집집마다 약초재배는 농사 외에 수입을 올릴 수 있는 가장 좋은 수단이어서 어디를 가나 흔하게 볼 수 있었다. 우리집도 예외는 아니어서 밭 한쪽에 난초를 닮은 맥문동을 재배하였다. 맥문동은 여름에는 파릇하게 싹을 틔우고 초가을에는 보라색 꽃을 피우며 늦가을이 되면 다 자라 호미나 곡괭이를 가지고 하얀 뿌리 열매까지 캐야 약으로 쓸 수 있었다. 그렇게 캐낸 맥문동에 있는 흙을 씻어내어 잘 말려서 장에 내다 팔고 돌아오는 길에 어머니께서는 맛있고 달디 단 엿을 사주셨는데 지금도 그때의 기억이 생생하다.

전라도 해남 김순연 선생댁

창포식초

재료 및 분량

창포뿌리 300g, 좋은 술 3L
소독된 항아리

만드는 법

1. 창포뿌리를 솔로 깨끗이 씻고 가늘게 썬다.
2. 창포뿌리에 좋은 술을 넣고 잘 버무려 소독된 항아리에 넣는다.
3. 항아리 주둥이를 기름종이로 밀봉한다.
4. 7일이 지나면 먹을 수 있고 오래 숙성될수록 그 향과 맛이 뛰어나다.
5. 단오에 좋은 식초이다.

Tip

- 창포뿌리는 솔로 깨끗이 씻어 흙을 털어 내고 물기를 잘 닦아낸 다음 사용하여 날물이 들어가지 않도록 한다.
- 잘게 썰어야 그 향과 맛이 잘 우러나온다.
- 보관용 항아리는 주둥이가 좁은 것이 좋다.

내가 어릴 때 할머니께서는 여러 방법으로 식초를 만들곤 하셨다. 과일을 발효시켜서 만들기도 하고 직접 담그신 막걸리를 호리병 촛병에 넣고 살강에 올려두면 식초가 되었다. 텃밭에 있는 상추를 뜯어다가 마늘, 고춧가루, 설탕, 간장, 소금, 참기름 등 갖은양념과 마지막에 식초를 넣고 무치면 새콤달콤한 상추 겉절이가 되었다. 5월 단오쯤 비가 많이 오면 집 앞 개천가에 지천으로 피어 있던 창포가 꽃은 떨어지고 뿌리를 다 드러내고 있으면 그 뿌리를 캐어다가 씻어서 그릇에 담고 할머니께서 담그신 막걸리를 붓고 일주일 정도 지나면 맛있는 식초로 변해 있었다. 옛 조리서에도 창포식초를 소개하고 있으니 더더욱 옛 생각이 난다.

평안도
김희연 선생댁

김희연

세설(世雪)음식문화연구원 원장

- 2012년 제1회 북한음식경연대회 금상
- 2012년 한국국제요리경연대회 금상
- 2012년 대한민국국제요리경연대회 금상
- 2012년 대한민국 향토식문화대전 금상(전통주 전시부문)
- 2012년 전국비빔밥축제 전국요리경연대회 대상(통일부 장관상)
- 2012년 한중수교 20주년 기념 떡, 한과 축제 참여 (세계정상의 떡 전시 - 중국 베이징)

할머니의 고향음식

내 어린시절 많은 기억은 할머니와 함께 한다. 평안도 철산이 고향이신 외조부모님은 고향을 등지고 피난 오신 후 유일한 자식인 어머님과 함께 생활하셨고, 어머님은 나를 무남독녀로 두셨으니, 내가 결혼을 해서 아이를 낳은 후 우리 집안은 자연스레 모계 4대가 모여 사는 대가족 형태가 되었다. 이것이 지금 우리 아이들과 나에게는 큰 복이었다.

부모님이 교직에 계셨기 때문에 어린시절 나는 많은 시간을 외조부모님과 지내야 했다. 이런 배경으로 어려서부터 이북 사투리와 평안도 음식은 자연스러운 나의 일상이 되었다.

자그마한 키에 당차보이시는 할머니의 음식은 지금 생각해 보면 투박하기 이를 데 없었지만, 친근한 이북 사투리와 함께 당신의 고향 이야기를 하며 해주시는 음식을 먹고 나는 그 손맛을 따라 하기 시작했다. 지금은 친정어머님과 어머님의 어렴풋한 어린시절 추억을 되새기며 그 음식을 만들고 있지만, 나의 어린시절 나지막한 부엌과 마당에서 하시던 내 외조부모님들의 음식은 내 아이들에게도 그 입맛이 자연스레 전해지고 있다.

북녘땅 바라보며 연천에 누워계신 할머니, 할아버지! 그립습니다. 그 사투리와 해 주시던 음식을 이제는 그 땅을 언제 다시 갈 수 있을지 모르는 많은 사람들과 나누어 먹으며 동화책의 한 페이지를 넘기듯 당신들 이야기를 하겠습니다. 사랑합니다.

평안도와 강원도의 만남

나의 기질은 참으로 다양하다. 평안도 또순이와 서울 깍쟁이 기질을 모두 가졌다고나 할까? 그런 내가 강원도 감자바위를 만났다.

소박하다 못해 투박하기까지 한 평안도 친정음식에 친숙한 나에게 강원도 시댁의 음식은 친근감 그 자체였다.

바닷가가 가깝다 보니 해산물을 이용한 음식이 많다는 것이 굳이 다르다면 다를까 느낌은 별반 다를 것이 없었다. 시어머님은 손이 크시다. 슬하에 자식들도 5남매나 있으시면서 생면부지의 다른 집 자식의 밥을 챙기시는 인심 후한 시어머님! 그 어머님께 남편이 어린시절 먹던 음식을 배웠다. 투박한 말투와 귀가 아플 정도로 목소리가 크신 어머님이시지만 음식을 가르쳐 주실 때는 항상 행복해하셨다. 가끔 지방 특유의 사투리 때문에 여러 번 물어도 짜증 한번 안 내시고… 그런 시어머님께 나는 또 다른 지역의 음식을 배우며 작은 꿈을 키워 나간다.

새로운 길의 영원한 등불, 나의 스승님!

인생의 전환기에 맞이한 또 다른 배움의 길! 거기에 나의 스승이신 (사)한국전통음식연구소 윤숙자 교수님이 계신다. 교수님께 이 귀한 전통음식의 공부를 배우기 전, 나는 교육현장에서 영, 유아교육과 대학에서 유아교육관련 후학을 가르치고 있었다. 내가 가르치던 분야가 전통문화의 한 맥을 잇는 것이었고, 요즘 아이들의 부정적으로 변화된 성격과 모습은 어린시절 음식에 기인한다고 생각하여 우리의 음식을 배워 교육의 현장에서 직접 교육을 해야 겠다는 야심찬 생각으로 연구소의 문을 열었다.

하루 이틀, 한달 두달, 일년 이년……

윤숙자 교수님께서는 나에게 또 다른 세계를 알려 주셨다. 쉽게 배워 가르칠 수 있겠다고 생각한 나의 얕은 생각을 꾸짖기라도 하듯이 교수님께 배워야할 것은 전통음식을 넘어 우리의 전통 그 자체였다. '아이들의 식생활이 바뀌어야 아이들의 성격과 모습이 바뀐다.'는 생각에서 시작한 우리 음식의 공부는 어느덧 나를 전통음식의 매력에 푹 빠져 공부하고 또 공부하는 학생으로 만들어 버리셨다. 교수님께 음식에 감사하는 낮은 자세를 배우고, 교수님께 음식을 만들 때 임하는 낮은 자세를 배운다. 행복하다…

교수님의 사랑과 채찍으로 배우고 따르며 나의 꿈을 이루리라. 힘들고 어려울 때마다 멀리서 보이는 등불과 같이 교수님을 따라 한발 한발 가다보면 나의 꿈을 조금씩 이루리라고 믿는다. 나에게 전통음식의 중요성과 우리의 전통을 가르쳐 주시는 스승님이신 윤숙자 교수님! 머리숙여 감사드립니다.

평안도 김희연 선생댁

닭비빔밥

재료 및 분량

멥쌀 2½컵(400g), 닭 1/2마리(500g)
닭고기향채 : 대파 1뿌리, 마늘 3쪽(20g), 생강 1톨(6g)
닭고기양념 : 고춧가루 1큰술, 다진마늘 1/2큰술, 간장 1작은술, 깨소금 약간

콩나물 100g, 애호박 1/4개(100g)
채소양념 : 다진파 1큰술, 다진마늘 1/2큰술, 소금 2작은술, 청장 2작은술, 식용유 약간
고추장양념 : 고춧가루 2큰술, 고추장 2큰술, 설탕 1큰술, 다진파 2작은술
다진마늘 1작은술, 참기름 1작은술, 깨소금 1작은술

만드는 법

1. 멥쌀은 깨끗이 씻어 30분 정도 불려 밥을 고슬고슬하게 짓는다.
2. 닭은 깨끗이 씻어 냄비에 물과 함께 넣고 센불에 올려 끓으면 중불로 낮추어 20분 정도 삶다가 향채를 넣고 20분 정도 더 삶은 후 뼈를 발라내고 살만 가늘게 찢어 분량의 닭고기 양념을 넣고 고루 무친다.
3. 콩나물은 깨끗이 씻어 물에 넣고 비린내가 나지 않을 정도로 데친 후 채소 양념의 1/2을 넣고 골고루 무친다.
4. 애호박은 채를 썰어 소금에 살짝 절였다가 물기를 뺀다. 달구어진 팬에 기름을 두르고 준비한 애호박을 볶다가 나머지 채소양념을 넣어 살짝 볶는다.
5. 그릇에 밥을 담고 그 위에 양념한 닭고기와 콩나물, 애호박나물을 푸짐하게 담은 후 준비해 놓은 양념 고추장을 올린다.

Tip

- 닭고기를 고춧가루에 고루 잘 무쳐서 칼칼한 맛이 나도록 한다.
- 닭고기 삶은 육수와 함께 먹으면 좋고, 밥에 국물을 약간 넣어 비비면 더욱 맛이 좋다.
- 애호박은 밝은 연두빛을 띠며 껍질이 윤이 나고 크기에 비해 묵직한 것이 속이 실해서 좋다.
- 고추장양념 대신 간장양념을 곁들여 비벼 먹어도 좋다.

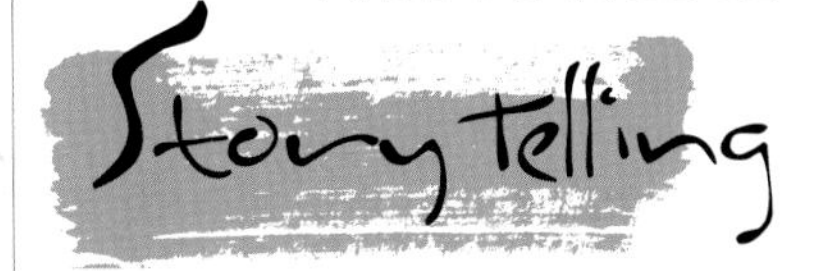

학교 선생님이셨던 어머님은 퇴근길 항상 갖가지 식재료가 들어있는 보따리를 양손에 가득 들고 오신다. 그 중에도 참 많이 등장하던 것이 닭이다. 높은 구두 벗어 던지시고 부엌으로 향하시는 어머님! 닭고기 음식을 먹을 때면 할머님은 늘 이런 말씀을 하신다.
"예전에는 큰 가마솥 안에 닭 한 마리를 삶아 온 동네 사람들이 나누어 먹었어. 물에 한 마리가 둥둥둥… 멀건 국물이어도 어찌나 맛나던지.. 하하하~" 뽀얀 국물을 보면 언제나 하시던 말씀이다. 비록 멀건 국물일지라도 서로 나누어 먹던 고향의 정이 생각나셔서 하시는 말씀인가 보다.
난 비빔밥을 좋아한다. 하나하나가 모여 어우러지는 음식! 특히 닭고기를 양념하여 얹어 먹는 닭비빔밥은 온가족이 둘러앉아 평안도 고향얘기 들으며 먹던 기억이 난다. 무남독녀인 나의 그릇에는 항상 닭고기가 넘치곤 하였다. 그때는 나물보다는 닭고기가 더 좋았으니까…어느덧 지금 이 음식을 먹을 때면 닭고기는 내 두 딸의 그릇에 수북하다. 수북하게 쌓이는 닭고기에서 우리의 내리사랑을 느낀다.

평안도 김희연 선생댁

동치미국수

재료 및 분량

동치미 : 무 1kg, 물 16컵, 소금 4큰술
양파 1개(250g), 마늘 2쪽(14g), 생강 1쪽(6g), 배 1개(460g)
쪽파 50g, 청량고추 3개(또는 삭힌 고추)

국수 200g, 삶는 물

만드는 법

1. 무를 손가락 굵기로 썰어서 소금 1½T를 넣고 1시간 정도 절인 다음 쪽파를 넣고 10분 정도 더 절인다.
2. 믹서기에 양파 1/3과 마늘, 생강, 껍질 벗긴 배 1/2를 넣고 곱게 갈아서 샤주머니에 담아둔다.
3. 물에 나머지 소금과 준비한 샤주머니를 넣고 주무른 다음 절인 재료와 섞는다. 배 남은 것 1/2쪽, 청량고추, 양파 남은 것도 썰어 넣고, 하루 정도 두었다가 냉장 보관한다.
4. 끓는 물에 국수를 넣고 끓어오르면 찬물을 한 컵 붓고 다시 끓어오르면 찬물을 한컵 더 부어 국수가 익으면 찬물에 헹구어 사리를 만들어 채반에 놓는다.
5. 삶은 국수를 그릇에 담고 잘 익은 동치미 국물을 부어낸다.

Tip

- 여름에는 칼칼한 맛을 위해 청량고추를 넣기도 한다.
- 동치미 국물을 맑게 하려면 무를 칼로 긁지 않고 잔털만 제거한 다음 사용한다.
- 청각을 넣으면 탄산미를 내어 시원하고 톡쏘는 맛을 내며 향기가 좋다.
- 동치미에 넣은 무를 먹기 좋게 썰어 넣어도 좋다.

"쩌르르르르~~~~"
추운 겨울에 살얼음 살짝 얹어 있는 동치미 국수 잡수실 때 우리 할머니가 쓰시던 맛의 표현이다. 춥디 추운 이북 고향에서 겨울에 찬 동치미국수 한사발 드시고, 이불 뒤집어 쓰며 아랫목에 들어앉으면 최고로 기분 좋았다는 할머니의 말씀을 참 수도 없이 많이 들었다. 그 말을 하시는 할머니의 볼은 항상 상기되어 있었다.

그래서인지 김장철이 되면 김칫독 묻힌 친정 앞마당에는 여지없이 동치미독도 한자리 차지하고 있었다.
동치미야 한겨울이 제맛이지만 그 맛이 그리우셨는지 무만 보이시면 동치미를 자주 담그시곤 하셨다. 알싸하고 쩌르르한 동치미 국물의 맛은 지금도 할머니의 맛으로 기억된다.
오늘 나는 동치미를 담구며 할머니 생각을 한다. 귓가에 "쩌르르르~~~" 할머니의 목소리가 들리는 듯하다.

평안도 김희연 선생댁

되비지

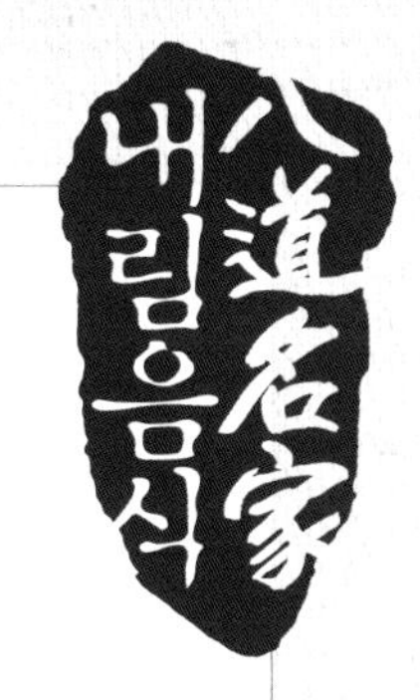

재료 및 분량

흰콩 1컵, 물 2컵
배추우거지 300g, 새우젓국 2큰술
돼지뼈 300g, 생강 3톨(18g), 청주 2큰술, 통후추 1큰술, 물 5~6컵
양념장 : 국간장 1큰술, 진간장 2큰술, 고춧가루 1큰술, 다진파 1큰술, 다진마늘 1큰술
참기름 1작은술, 깨소금 1작은술

만드는 법

1. 콩은 이물질을 제거하고 깨끗이 씻어 8~12시간 정도 불린다
2. 믹서기에 불린 콩과 물을 넣고 거칠게 간다.
3. 배추는 살짝 데쳐 찬물에 헹군 다음 꼭 짜서 송송 썰어 분량의 새우젓국을 넣고 무친다.
4. 돼지뼈는 핏물을 빼고 끓는 물에 튀하여 찬물에 행구고, 다시 분량의 물을 넣어 생강, 청주, 통후추를 넣고 1시간 정도 푹 삶은 다음 배추 우거지와 준비한 콩비지를 넣고 약불에서 30분간 끓인다.
5. 그릇에 담고 양념장을 곁들여 낸다.

Tip

- 돼지뼈 대신 돼지갈비를 쓰기도 한다.
- 콩은 두유를 빼지 않고 되직한 상태에서 끓여야 더 구수하다.
- 비지를 넣은 후에는 약불에서 끓여주어야 넘치지 않고 맛이 잘 어우러진다.
- 콩 갈은 것을 넣고 너무 오래 끓이면 식감이 부드럽지 않고 거칠다.

추운 겨울 우리 식구는 유난히 되비지를 좋아한다. 벌떡벌떡 푹푹… 마치 화산처럼 터져가며 끓여지는 비지찌개를 어머님은 참으로 맛있게 드셨다. 돼지갈비를 구하기 힘들면 커다란 잡뼈를 가지고 만들었다며…
시집가기 전 나도 그런 어머님을 위해 되비지를 만든 적이 있다. 처음 만들어 드린 되비지를 드시던 어머님은 칭찬을 연발하셨고 그 칭찬에 힘입어 여러번 시도하여 만들던 어느 날, 퇴근 시간에 맞추어 끓이려다보니 맘이 급한 나머지 불을 조금 높였다. 잠깐 무언가를 가지러 갔던 거 같은데 와보니 비지는 거의 바닥에 남아 있고, 가스레인지 옆은 하얀 화산폭발의 흔적들만… 어느덧 퇴근하여 이 모습을 보시던 어머님은 "낮은 불로 끓여야지…" 하고 말씀하신다.
지금와서 음식 공부를 하면서 가끔 이 생각을 하면 음식 만드는 마음은 절대로 서둘러서는 안된다는 작은 교훈이 떠오르곤 한다.

평안도 김희연 선생댁

굴림만두

재료 및 분량

쇠고기 200g, 돼지고기 100g
배추김치 150g, 숙주 150g, 두부 100g, 달걀 2개, 밀가루 1컵
소 양념 : 소금 1작은 술, 참기름 1큰술, 다진파 1큰술, 다진마늘 1/2큰술
생강즙 2작은술, 깨소금 2작은술, 후춧가루 1/8작은술

만드는 법

❶ 쇠고기 1/2량은 육수로 만들고, 1/2량은 돼지고기와 함께 곱게 다진다.

❷ 배추김치는 속을 털어내고 곱게 다져 물기를 꼭 짜고, 숙주는 물에 살짝 데쳐서 짠 후 다진다. 두부도 물기를 빼고 으깬다.

❸ 준비한 재료에 양념을 넣고 고루 섞은 다음 달걀을 풀어 넣고 직경 2~3cm 정도의 크기로 만두를 둥글게 빚어 밀가루에 고루 굴린다.

❹ 끓는 물에 만두를 넣고 2~3분 정도 익힌 뒤 건져내서 다시 밀가루에 굴려 삶는 과정을 세 번 정도 반복한다.

❺ 냄비에 육수를 넣고 간을 맞추어 끓으면 준비한 만두를 넣고 한 번 더 끓인 후 그릇에 담고 황백 지단을 고명으로 올린다.

Tip

- 만두를 만들 때 물기를 너무 꼭 짜면 소가 퍽퍽하고, 물기가 너무 많으면 뭉쳐지지 않는다.
- 소를 많이 치대주어야 끈기가 생겨 삶을 때 풀어지지 않는다.
- 밀가루 옷은 너무 두껍게 하지 않는다.
- 끓는 물에 만두를 삶을 때 센불보다는 중불에서 삶아야 터지지 않는다.

찬바람이 불기 시작하고 계절이 겨울로 들어가면 뜨끈한 국물의 만둣국이 절로 생각난다.
친정에서 해 먹던 만두는 아이들 손바닥보다도 크게 만든 먹음직스러운 크기의 만두였다. 어린시절 밀가루로 투박하게 밀어 만든 만두를 속만 파서 먹던 기억이 난다. 당연 부모님의 꾸지람은 이런 나를 지나치지 않았고, 나의 만두 그릇은 치워졌다. '만두가 싫은 것은 아니었는데…'
어느 날 할머니께서 나를 부르신다. "이리와 보라우."
동그란 무언가를 먹어보라는 할머니 말씀에 하나 들어 입에 넣는다. "오! 속만 있다…" 투박한 만두피는 간데없고 속만 꽉 차있다. 우리 아이들의 만두 먹는 모습은 나와 비슷했다. 그 아이들을 위해 나는 오늘도 할머니한테서 배운 굴림만두를 만든다.
하지만 내 마음 한켠에 아이 손만한 커다란 만두도 하염없이 그립다.

평안도 김희연 선생댁

가지김치

재료 및 분량

가지 6개(800g), 부추 30g, 실파 30g
김치양념 : 청장 3/4컵, 고춧가루 3큰술, 다진마늘 1큰술, 다진생강 1작은술
김치국물 : 물 1/4컵, 청장 1작은술

만드는 법

1. 가지를 깨끗이 손질한다.
   찜통에 물을 넣고 센불에 올려 끓으면 손질한 가지를 넣고 2분 정도 쪄서, 찬물에 20초 정도 담갔다가 식으면 베보자기에 싸서 눌러 물기를 뺀다.
2. 부추와 실파는 깨끗이 손질하여 1cm 정도의 길이로 송송 썬 다음 청장과 고춧가루, 마늘, 생강을 함께 넣고 버무려 소를 만든다.
3. 준비한 가지 가운데 길이로 칼집을 넣고 준비한 소를 채워 넣어 항아리에 담는다.
4. 소 버무린 그릇에 김치국물을 만들어 단지에 붓는다.
   여름에는 2~3일 지나면 먹을 수 있다.

Tip

- 소금을 사용하지 않고 청장을 사용하는 것이 특징이며, 청장 대신 액젓을 사용해도 좋다.
- 소를 넣을 때 가운데에 소를 볼록하게 넣는 것이 먹음직스럽고 맛이 있다.
- 가지는 가늘고 색이 진한 것이 좋다.
- 끝물에 나오는 가지가 단단하며 맛이 달고, 아삭해서 김치를 담그면 맛이 좋다.

어린시절 우리 집 앞마당은 나의 시장이었다. 할머니가 심어 놓으신 가지며, 고추, 상추, 넝쿨째 주렁주렁 달리는 호박까지…
친구들을 불러 모아 채 자라지도 않은 가지, 호박 등을 따서 칼로 썰고 김치며, 반찬을 만든다고 부산을 떨라치면 여지없이 "아구테나"를 외치며 애닯아 하셨던 나의 할머니!
여름이면 가지를 쪄서 젓가락으로 푹 찔러 쭉 찢는 것이 어찌나 재미있던지, 가지 냉국이나 무침을 하실 때는 젓가락은 내 차지였다. 더욱이 할머니에게 배우셨다며 엄마가 만들어주신 가지김치는 나의 새 입맛을 자극하기에 충분하였다. 지금도 가지를 보면 할머니의 "아구데나" 하시던 목소리와 젓가락의 추억이 나를 미소짓게 한다. 아구데나 가지김치가 지금 나의 눈앞에 있다.

평안도 김희연 선생댁

홍합장아찌

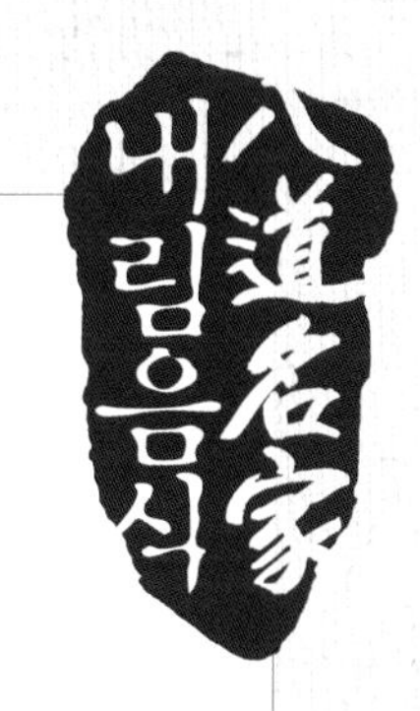

재료 및 분량

생홍합 460g, 파 50g, 마늘 30g, 생강 6g
조림장 : 물 1컵, 간장 1/2컵, 설탕 1/3컵
잣가루 1작은술

만드는 법

1. 홍합은 수염을 잘라내고, 소금물에 살살 씻어 끓는 물에 데친다.
2. 파는 손질하여 깨끗이 씻어 2cm 정도의 길이로 썰고 마늘과 생강은 편으로 썬다.
3. 냄비에 간장, 물, 마늘, 설탕, 파, 생강을 넣고 끓여 체에 걸러 조림장을 만든다.
4. 조림장에 홍합을 넣고 중불에서 20분 정도 조린 다음 그릇에 담고 잣가루를 뿌린다.

Tip

- 즉석에서 만들어 바로 먹을 수 있다.
- 파, 마늘은 편으로 썰어 쓰는 것이 장아찌가 더 깨끗하다.
- 생홍합을 구하기 힘들 때는 말린 홍합을 물에 충분히 불려서 써도 된다.
- 홍합살은 붉은 빛을 띠는 것이 맛과 향이 좋다.

요즘도 남편은 답답하거나 힘든 일이 있으면 바다를 보러 가자고 한다.
차 막히는 것은 아랑곳 없이 고향바다인 동해안 바다를 꼭 보셔야 한단다. 바다를 향해 가는 차 안에서 남편은 신나게 어린시절 물놀이하며 잡던 섭이야기를 한다. 홍합을 강원도에서는 섭이라고 한다나…
고향 앞바다의 검은 바위에서 섭을 따던 이야기를 하는 남편의 목소리는 한없이 높아진다. 어느 날 시어머님께서 홍합으로 만든 장아찌를 만들어 밥반찬으로 주셨다. 어머님의 홍합장아찌는 묘한 매력이 있다. 그 방법을 배워 요즘 우리는 홍합을 사면 탕과 장아찌로 두 가지를 만들어 먹기 시작했다. 홍합장아찌는 바쁜 아침 누룽지밥에도 입맛 없다는 우리 아이들에게도 쉽게 접할 수 있는 좋은 찬거리가 되고 있다.

평안도 김희연 선생댁

북어식해

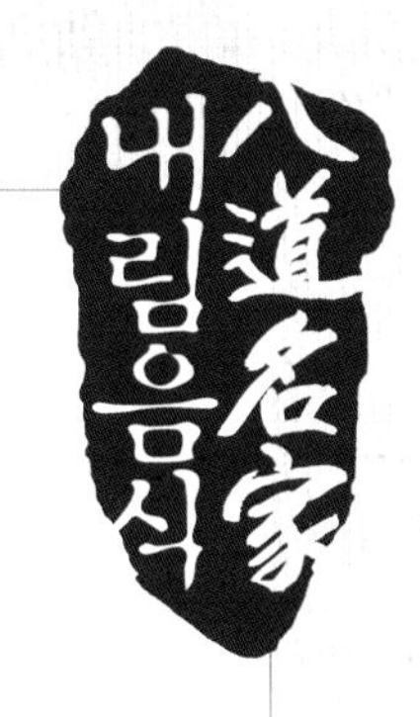

재료 및 분량

북어포 2마리, 무 300g, **무 절이는 소금물 :** 물 1컵, 소금 2큰술
엿기름가루 1컵(100g), 메좁쌀 1컵(100g)
다진파 50g, 다진마늘 50g, 고춧가루 1컵, 생강 7g, 소금 2큰술

만드는 법

1. 북어는 30분 정도 물에 담궈 불린 후, 머리와 지느러미를 잘라내고 가시를 빼어낸 다음 4~5cm 정도의 길이로 자르고 물기를 짠다.
2. 무는 씻어 크기 가로 · 세로3cm, 두께 0.5cm로 썰어 소금에 30분 정도 절인 후 물기를 짜고, 고춧가루와 버무려 색을 들인다.
3. 엿기름가루는 곱게 갈아 준비하고, 메좁쌀은 깨끗이 씻어 일어서 되직하게 밥을 짓는다.
4. 식힌 메조밥에 엿기름과 북어, 다진파, 마늘, 생강, 소금 등의 양념을 넣어 고루 버무린다.
5. 버무린 북어를 용기에 담아 3~4일간 삭힌다.

Tip

- 북어는 적당히 잘 불려야 부드럽다.
- 무에 간이 충분히 배어야 아삭하고 맛이 있다.
- 여름의 경우에는 빨리 삭으므로 하루 정도만 삭힌다.
- 북어 대신 동태를 이용할 수도 있다.

어느 날 시댁을 가니 시어머님께서 북어로 만든 북어식해라며 불그스레하고 좁쌀알도 드문드문 보이는 음식을 상에 놓아주신다.
남편은 옆에서 맛있다며 잘도 먹는다. 나는 낯선 음식에 얼른 손이 가질 않았는데 어머님이 해 주시는 음식이니까… 내가 잘 삭혀진 북어식해를 밥과 함께 맛있게 먹기까지는 족히 5~6년이 걸린 것 같다. 시어머님께 배워서 만들어 식탁에 올려 놀라치면 남편은 엄마 맛이 아니라고 맛이 별로 없다며 투정의 펀치를 날린다. 여러번 어머님께 물어 다시 만들다 보니 어느 날 남편이 투정 없이 먹기 시작한다. 엿기름의 양과 삭히는 정도에 따라 맛이 참 다른가보다.
가끔 속이 답답하면 북어식해를 만들어야겠다. 북어를 통통통 두드릴 수 있으니까… 지금도 그 생각을 하면 배시시 웃음이 나온다.
북어식해는 남편도 나도 행복하게 만드는 음식인가보다.

평안도 김희연 선생댁

감자시루떡

재료 및 분량

붉은팥 1컵, 소금 1/4큰술, 물3~4컵
감자 1kg, 물 1컵, 찹쌀가루 1컵, 설탕 3큰술

만드는 법

❶ 팥은 잘 씻어 일어 분량의 물을 넣고 센불에 올려 3~4분 정도 끓인 후 그 물은 버리고 다시 3배 정도의 물을 붓고 40분 정도 삶아 소금을 넣어 빻는다.

❷ 감자는 깨끗이 씻어 껍질을 벗기고 강판에 갈아서 분량의 물을 넣고 섞은 다음 면보에 짜서 건지와 물을 분리하고, 물은 가만히 두어 녹말이 가라앉도록 한다.

❸ 건지는 잘 흩어뜨려 김이 오른 찜기에 5분 정도 쪄서 식힌다. 찹쌀가루에 가라앉은 녹말과 건지를 넣고 잘 섞은 후 설탕을 넣어 골고루 섞는다.

❹ 준비된 딤섬에 팥고물–쌀가루– 팥고물 순으로 넣고 끓는 찜통에서 20분 정도 찐다.

Tip

- 팥고물을 만들 때 끓기 전에는 센불, 끓으면 중불로 낮추어 불 조정을 한다.
- 시루떡을 만드는 고물용 팥은 너무 무르지 않도록 삶은 뒤 뜨거울 때 수분을 날려야 질지 않다.
- 딤섬으로 찔 경우 딤섬의 안쪽테를 젖은 면보로 충분히 닦아준다.
- 건지를 잘 흩어 뜨려 납작하게 쪄야 떡반죽켜를 고르게 할 수 있다.

남편은 자기를 소개할 때 항상 감자바우라는 말을 쓰곤 한다. 강원도가 고향이라는 말을 간접적으로 인지시키는 표현이리라.
강원도의 감자는 맛이 다르다. 다른 지역 감자와 달리 포근포근 가루가 나며 부드럽다. 결혼 전에는 감자는 강원도에서 많이 나는 것이라고만 생각했었는데, 신혼 초 남편 따라 시댁에 갈 때면 남편은 여지없이 차를 몰고 약간 외진 마을로 들어가 낯선 집의 문을 두드린다. 감자를 사려고… 고향의 감자는 다르다며 한 자루 가득 사오며 가격을 얘기하는데 그 값이 얼마나 싸던지 놀라웠다. 고향의 인심이라며 자랑을 하곤 했다. 시어머님께서는 감자로 여러 가지 음식을 만드셨다. 밥도 반찬도… 그 중에서 뜨끈뜨끈할 때 손으로 떼어 입에 넣어 주시던 감자 팥시루떡은 새댁이 시어머님 앞에서도 입을 쩍 벌리며 받아 먹어도 부끄럽다 느끼지 못할 만큼 새로운 맛이었다.
올해도 어머님은 여지없이 한 상자 가득 감자를 보내주셨다. 그만큼 내 손도 바빠질 듯 하다.

평안도 김희연 선생댁

빙자

재료 및 분량

녹두 1컵 (170g), 물 1/2컵, 소금 $\frac{1}{2}$큰술
삶은 밤 12개, 꿀 1큰술
고명 : 대추 8개, 잣 1큰술, 식용유

만드는 법

1. 녹두는 12시간 정도 불려 박박 문질러 껍질을 벗기고 깨끗이 씻어 체에 건진다.
2. 삶은 밤은 뜨거울 때 으깨서 꿀과 버무려 동글납작하게 빚어 빙자 소를 만든다.
3. 믹서에 준비한 녹두와 물을 넣고 되직하게 갈은 후 분량의 소금을 넣고 잘 저어준다.
4. 팬을 달구어 기름을 두르고 갈아놓은 녹두를 한 수저씩 떠놓고 한쪽 면이 익으면 뒤집어서 그 위에 밤소를 놓고 다시 녹두반죽을 덮어 대추와 잣으로 고명을 얹어 지진다.

Tip

- 밤은 껍질째 삶아서 살만을 파내어 으깬 것이 껍질을 벗겨 삶은 것보다 맛이 좋다.
- 불린 녹두는 제물에 씻어야 껍질이 잘 벗겨진다.
- 녹두 간 것에 소금을 넣을 때는 지지기 바로 전에 넣어야 삭지 않는다.
- 빙자는 지질 때 팬에 기름을 넉넉히 두른다.

집안에 행사가 있거나 성묘를 가기 전에 우리집 마당에는 기름 냄새가 진동을 한다. 하교길에 대문을 열자마자 마주 보이는 마당 한쪽의 마루에선 할아버지가 전을 부치고 계시곤 했다. 왜 다른 음식은 할머니와 엄마가 하시는데 유독 전은 할아버지가 하셨을까? 할아버지께서 만드신 최소 7~8가지의 전 중에서 특히 허파와 간전 그리고 녹두전(그것이 빙자라는 이름의 음식이었던 것은 나중에 알게 되었다)은 참으로 맛있었다. 할아버지의 녹두전은 지금의 것과 달리 안에 삶은 밤을 넣어 만드시는 달콤하고 고소한 맛의 빙자였던 것이다. 지금도 우리 아이들은 이 음식을 왕할아버지 녹두전이라고 부른다.

나는 지금도 동그랗고 도톰하게 노란 녹두로 만들어 주신 달콤하고 맛있던 그 음식… 빙자를 기억한다.

4대가 모여 살던 그 시간! 우리 아이들이 기억하는 왕할아버지의 녹두전이 나는 지금 참으로 그립다.

평안도 김희연 선생댁

송기떡

재료 및 분량

찹쌀가루 3컵, 송기가루 2큰술, 꿀 2큰술, 잣 1$\frac{1}{2}$컵, 참기름 약간

만드는 법

❶ 찹쌀가루에 송기가루를 넣고 잘 섞어 체에 한번 내린다.

❷ 준비한 찹쌀가루에 꿀을 넣고 잘 섞은 후 끓는 물을 넣고 익반죽을 한다.

❸ 준비한 반죽을 직경 5cm, 두께 0.5cm로 빚는다.

❹ 달구어진 팬에 참기름을 두르고 만들어 놓은 반죽을 놓고 한쪽 면이 익으면 뒤집어서 잣을 놓고 반으로 접어 지져낸다.

Tip

- 송기는 소나무 속껍질을 말한다.
- 잣소는 통째로 넣어도 되고, 다져서 넣어도 된다.
- 반죽을 할 때 꿀을 너무 많이 넣으면 반죽이 딱딱해진다.
- 송기는 떡이 굳는 것을 지연시킨다.

요즘 아이들은 송기떡을 알까? 아니 송기를 알까?
어린시절 구황음식으로 소나무 껍질을 먹었다는 이야기는 들은 적이 있는데.. 친정어머님은 내가 알고 있는 수수부꾸미 모양의 송기떡 이야기를 추억하신다. 어린시절 떡하면 송기떡과 수수부꾸미가 생각나신다며…
그래서일까? 수수부꾸미를 만드실 때면 꼭 나한테 물으시곤 했다. 송기를 아느냐고. 언젠가 어머님께서 어디서인지 송기가루를 구하셨다며 무언가를 만드시기 시작하신다. 그 말로만 듣던 송기떡이란다. 수수부꾸미의 모습과 송편의 모습 두 가지로 만들어 지져 주신다. 그때부터 어머님은 송기떡을 자주 만들어 주셨다. "요거요거 묘한 매력이 있네… 특유의 냄새도 있고…" 친정어머님은 지금도 가끔 이 떡을 만드시던 나의 증조할머니와 외할머니를 추억하신다. 두 분의 고향 이북과 함께…

충청도 광천

나계진 선생댁

나계진

(사)대한민국 전통음식 총연합회 충청남도지회장
우리음식문화연구개발원 원장

- 2012년 한국국제요리경연대회 궁중음식부문 국무총리상 수상
- 2012년 대한민국국제요리경연대회 전통주부문 문화체육관광부장관상 수상
- 2012년 제4회 국(麴)선생 선발대회 청주(淸酒)부문 우수상 수상
- 2013년 한국국제요리경연대회 전통주부문 농림축산식품부장관상 수상
- 2013년 대한민국국제요리경연대회 시절음식부문 최우수상 수상

나의 어릴시절

가을걷이가 시작되면서 들판에 노란 곡식은 하나 둘 자취를 감추어 가고 집집마다 굴뚝에서는 저녁 연기가 모락모락 피어오른다. 먹을 것이 귀했던 어린시절에는 벼수확을 하고난 논에서 이삭을 한웅큼씩 주워오곤 했었다. 수확이 끝난 논에서는 우렁잡이가 한창이었고, 논바닥 조그만 구멍에 손가락을 집어 넣고 우렁을 잡아다 드리면 그날 저녁 밥상 위에는 구수한 우렁된장찌개가 어김없이 올라왔다. 그 맛은 지금도 잊을 수가 없다. 어릴 적 나의 기억 속에 어머니는 하얀 광목 앞치마와 머리에는 항상 두건을 두르고 계셨던 것 같다. 1남 6녀로 대가족이었고, 아버지는 5남매의 장남으로 우리집은 제사가 끊이지 않았다. 그럴 때마다 언니들은 어머니의 부름으로 부엌에서 음식을 만들어야 했다.

우리집에서는 제사상에 올라가는 밤은 남자들만이 칠 수 있는 것으로 여자들은 금기시했던 것이다. 그런 아버지께서 나를 오라시며 밤 치는 법을 가르쳐 주셨고 제법 잘 친다며 칭찬도 아끼지 않으셨다. 젊어서부터 솜씨가 좋았던 아버지께서는 며칠씩 잔칫집 사랑방에서 밤과 대추, 곶감과 과일로 격식 있는 고임 상을 만들어내기도 하셨다.

외할머니의 솜씨를 물려받아 남달리 좋은 음식솜씨로 갓 시집온 때부터 동네아낙들로부터 부러움을 사기도 하셨단다. 그래서인지 우리집은 항상 동네사람들로 북적거렸고 그럴 때면 나는 음식 만드는 것이 좋아 어머니 옆에서 떠날 줄을 몰랐다. 어머니의 손으로 뚝딱 뚝딱, 조물조물 하면 어떤 음식도 맛있는 음식으로 변해 있었고, 예쁜 모습으로 만들어지는 것이 신기했다.

"너는 나를 닮아 솜씨가 좋다"라고 말씀하시던 어머니께서 지금은 연세가 많아 어머니의 머리는 많은 것을 기억할 수 없어도 손맛은 아직도 많은 것을 기억하고 계신듯 하다. 지금도 어머니가 만들어 주시는 음식은 나한테 최고의 선물이기 때문이다.

잊지 못할 그리운 곳

조그마한 체구에 위풍당당하시던 분, 시어머니를 처음 뵙던 모습이다. 하지만 몇 년 전 어린아이의 모습으로 계시다 세상을 떠나셨다. 항상 자식들을 위해 밤마다 정한수를 떠놓고 치성을 드리시던 시어머니, "예쁘다", "잘한다" 는 격려와 칭찬으로 시집온지 얼마 되지 않은 나의 등을 토닥거려 주시며 말씀하시곤 하셨다. 그럴 때면 어머니의 양손에 맑은 술을 들고 오셔서 나한테 건네주신다. 그 맛과 향은 시댁에서 긴장한 마음을 녹여주는 마술이었다. "술은 물이 좋아야 술맛이 좋다"라고 하시며 집 앞의 조그만 옹달샘으로 나의 손을 이끄신다. 그곳은 한여름 가뭄에도 마르지 않고 산골짜기에서 내려오는 물이 고여 흘러내려가는 곳으로 어젯밤에 노루가 내려와 목을 축이고 간 듯한 옹달샘이었다. 그리고 그 옆에 조그마한 움집은 해묵은 김장김치가 그 맛을 그대로 유지하고 있었다. 그리고 마술같은 술이 그곳에 있었다. 잘 띄운 누룩과 지에밥과 옹달샘의 물을 길어와 잘 버무려 항아리에 담아 방 한쪽 아랫묵에 놓고 이불로 감싸 두면 맑은 술이 고일때 쯤 용수를 박아 맑은 술을 떠 움집에 보관을 한다. 제법 따라하는 나에게 시어머니께서는 응용하는 법과 물 맛이 좋아야 장 맛도, 음식 맛도 좋아진다고 가르쳐 주시며 정성을 다하라고 말씀하셨다. 지금은 시어머니께서 어린아이가 되시면서 떠나온 그곳이 그립다.

꿈은 이루어진다

나의 어릴적 꿈은 선생님이 되는 것이었다. 하지만 살면서 나한테 주어진 환경과 삶은 꿈과 자꾸만 멀어져 갔고, 결혼을 하면서 그 꿈은 잊혀지는 듯 했다. 나의 정신적인 지주가 되어주시는 친정어머니께서는 자식의 이루지 못한 꿈에 가슴아파하시며 뜻이 있는 곳에 길은 있다고 말씀해주셨다. 많이도 아껴주시던 시어머니께서도 당당한 모습이 보기 좋다고 말씀하시던 생전의 모습이 생각난다.

내 나이 마흔 다섯 적지 않은 나이에 새로운 방향의 선택에서 (사)한국전통음식연구소와 윤숙자 교수님의 숙명적인 만남은 잠자고 있던 나의 꿈이 꿈틀거리기에 적잖은 가슴떨림이었다. 꿈을 이루기 위해 없는 시간을 쪼개며 대학에 진학하게 되었고, 열정은 각종 대회와 전시에서 성과는 지금까지 목말랐던 갈증에 시원하게 내리는 단비이고 "선생님" 이라는 소리에 또 다른 신세계를 볼 수 있었다. 이것은 아마도 하늘에서 지켜봐주시는 시어머니와 자식을 위해서 사라져가는 기억으로 기도하시는 친정어머니, 까만 새벽 제자들을 위한 스승님의 기도일 것이다. 거울 앞에서 '그래! 잘하고 있는거야!' '다시 한번 해 보는거야!' '잘 할 수 있어!'라고 처음 그때처럼 다짐해본다. 그분들께서 나를 위해 기도하고 지켜보고 계시기에 실패에도 굴하지 않고 더욱더 노력하여 음식을 사랑하는 최고의 전통음식연구가로서 살아가고 싶다.

충청도 광천 나계진 선생댁

게 찜

재료 및 분량

꽃게 3마리, 달걀 1개

양념 : 다진파 1/2작은술, 생강즙 1/2작은술, 후춧가루 1/8작은술

유장 : 참기름 3작은술, 간장 1작은술

Tip

- 암꽃게는 봄철에 살도 오르고 알이 꽉 차있어 맛이 제일 좋은 시기이다.
- 가을에는 암꽃게는 산란시기이므로 숫꽃게가 맛이 더 좋다.
- 게는 단단하고 무거운 것이 좋다.
- 게 손질을 하고 난 후 비린내는 소주나 설탕을 이용하여 씻으면 없앨 수 있다.

만드는 법

1. 꽃게는 솔로 깨끗이 닦아 게딱지는 떼어 게장과 살을 발라낸다.
2. 달걀에 걸러낸 게장과 살, 준비된 양념, 유장을 넣고 섞는다.
3. (2)의 준비한 재료를 그릇에 담고 중탕하여 익힌다.
4. 게살이 익으면 그릇에 담고 즙국을 위에 끼얹어 낸다.
5. 수저로 떠 먹는다.

3월에서 5월까지는 동백꽃이 만발하게 피는 시기이다. 알이 꽉 찬 암꽃게가 잡히는 시기이기도 하다. 어릴 적에는 해산물이 풍족한 시기여서 산란기와 상관없이 꽃게를 많이 먹을 수 있었다. 그럴 때면 입에 거품을 잔뜩 물고 화가 난 꽃게를 구경하느라 정신 팔릴라치면 어머니께서는 알이 꽉 차고 무거운 놈으로 흥정하시곤 했다.

다음날은 아침부터 꽃게찌개에 배불리 밥을 먹을 수 있었고 30~40분 되는 학교 거리를 가뿐이 달려가기도 했다. 이렇게 꽃게장사가 다녀가면 며칠은 찬 걱정을 덜기도 하셨다. 꽃게찌개는 기본이고 게장무침, 꽃게장 등 풍성한 밥상에 밥 한 공기 뚝딱 해치우기도 했다. 그 중에서도 밥도둑이라 불리던 꽃게의 알과 장만을 가지고 찜을 해주시던 어머니, 어리광과 반찬 투정이 많았던 나를 어머니는 부엌에서 살짝 불러 할머니 몰래 밥 한술 위에 게찜을 올려 주시곤 하셨는데, 한입 가득 입에 물고 행복에 겨워 밖으로 달려 나갔던 기억이 어제 일처럼 솟아난다.

충청도 광천 나계진 선생댁

박대묵

재료 및 분량

박대껍질 2kg, 쌀뜨물, 생강즙 100g(1/2컵), 소금 1큰술
초고추장 : 고추장 2큰술, 설탕 1/2큰술, 식초 1큰술

만드는 법

1. 잘 말린 박대껍질을 쌀뜨물에 하루 정도 담가 불린 다음 잘 치대어 여러 번 깨끗이 씻는다.
2. 쌀뜨물은 연하게 풀어 준비한다.
3. 큰 냄비에 박대껍질을 담고 준비한 쌀뜨물을 자작하게 붓고 생강즙을 넣는다. 센불에 올려 끓으면 중불로 낮추어 5시간 정도 푹 끓인 다음 소금을 넣고 한소끔 더 끓여 체에 걸러 사각틀에 넣고 굳힌다.
4. 박대묵이 잘 굳으면 먹기 좋은 크기로 썰어 그릇에 담고 초고추장과 함께 낸다.

Tip

- 박대묵을 만들 때 쌀뜨물을 넣고 끓이면 색이 맑아진다.
- 박대묵은 여름철에는 더워서 녹아내리므로 가을, 겨울철에 해 먹으면 쫄깃하여 맛이 좋다.
- 박대껍질에는 콜라겐이 다량 함유되어 있어 미용에도 탁월하다.
- 박대를 구입할 때는 탄력있고 움직임이 활발한 것을 고르며, 말린 박대는 겉이 깨끗하고 꾸덕꾸덕한 느낌이 나는 것이 좋다.

생선장수가 지게에 매고 온 생선상자를 내려놓으면, 뒤를 따라 들어오시던 어머니께서는 서둘러 생선상자를 우물가로 가져가신다. 우물가에 가득 쏟아진 생선은 납작하고 못생긴 생선 박대였다. 여름에 입맛 없다고 하면 어머니께서 구워주시던 박대, 아궁이 타다 남은 불씨를 꺼내어 석쇠를 올려놓고 그 위에 올려 구우면 살이 뼈와 분리되면서 일어나던 생선살, 그렇게 맛있는 생선이 이거라고? 그런데 더 궁금한 건 그 생선 껍질을 버리지 않고 깨끗이 씻어 햇볕에 바짝 말리신다. 그것으로 뭐 하실 거냐고 물었더니 겨울철에 박대묵을 해서 드신다고 하신다. 그해 겨울 어느 날 밥상에 투명하고 말랑한 게 초장을 찍어 입에 넣으면 비린 맛과 담백한 맛이 나고 사르르 녹는다. 또 먹는다. 정말 맛있다. 나도 모르게 자꾸 손이 가게 만드는 것이 지금도 생각하니 입에 침부터 고인다.

충청도 광천 나계진 선생댁

자하젓(紫蝦)

재료 및 분량

자하 5kg, 소금 2kg
양념 : 고춧가루, 파, 다진마늘, 참기름, 깨소금

만드는 법

1. 자하는 이물질을 골라낸다.
2. 준비한 자하에 분량의 소금을 넣고 잘 섞어서 항아리에 담는다.
3. 꼭꼭 눌러 놓고 공기가 들어가지 않게 한다.
4. 서늘한 곳에서 2~3개월 숙성시킨다.
5. 먹을 때 고춧가루, 파, 다진마늘, 참기름, 깨소금을 넣고 양념하여 무쳐서 낸다.

Tip

- 자하를 손질할 때는 민물은 쓰지 않는다.
- 김장할 때 새우젓 대신 자하젓을 넣으면 맛이 담백하고 시원하다.
- 붉을 자(紫)자와 새우 하(蝦)자를 써서 자하라고 하며 새우보다 작고 껍질이 얇으며 투명하다.
- 곰삭은 다음 양념으로 쓰기도 하고 살짝 쪄서 밥반찬으로도 맛이 있다.

"팔딱 팔딱 뛰는 자하젓 담가요." 아침 일찍 광주리 가득 담긴 자하를 머리에 이고, 지게에 소금 가득 등에 매고, 아침 그늘이 깊어지는 초여름의 계절이면 어김없이 들려오던 소리였다. 그럴 때면 어머니께서는 장사를 불러 애기 속살 같은 뽀얀 자하를 항아리 가득 담아두시곤 하셨다. 한여름 일에 지치고 밥맛이 없을라치면 어김없이 밥상위에 올라오는 자하젓과 풋고추는 찬밥에 물 말아 올려 먹는 궁합은 지금도 지쳐있는 입맛을 땡겨준다.

또한 곰삭은 자하젓으로 겉절이를 버무리는 날이면 입맛 까다로운 큰아이도, 겉절이라면 자다가도 일어나는 남편과 작은아이도 다른 찬이 필요 없을 만큼 밥 한 공기를 게 눈 감추듯 후딱 해치우곤 한다. 지금은 많이 잡히지 않아 귀해져 잊혀져가는 음식이 되었지만 그 어릴 적 맛의 추억은 아직도 잊지 못하고 있다.

충청도 광천 나계진 선생댁

장으로 게젓 담그는 법

재료 및 분량

꽃게 5kg
쇠고기(사태살) 300g
게장간장(진간장 3컵, 집간장 2컵) 5컵, 물 10컵
천초 1작은술, 마늘 2톨, 생강 100g, 마른홍고추 10개

만드는 법

1. 꽃게는 솔로 깨끗이 닦아 손질하여 물기를 뺀다.
2. 냄비에 물과 쇠고기, 게장간장을 넣고 센불에 올려 끓으면 중불로 낮추어 12컵 정도가 되도록 30분 정도 끓여 식힌 다음 위에 뜬 기름을 걷어낸다.
3. 항아리에 준비한 꽃게를 넣고 떠오르지 않도록 눌러 놓고, 그 위에 천초, 마늘, 생강, 마른홍고추를 얹고 준비한 간장을 붓는다.
4. 다음 날 간장을 따라 내어 다시 한 번 끓여 식혀 붓는다.
5. 두 번 정도 반복한다.

Tip

- 집간장 대신 액젓을 사용해도 그 맛이 좋다.
- 꽃게를 용기에 담을 때는 배꼽이 위로 하게 놓아야 꽃게장 맛의 손실이 없다.
- 간장을 달일 때 기호에 맞게 한약재를 넣어도 좋으며 채소 물을 만들어 넣으면 비린내가 나지 않는다.
- 꽃게는 배꼽이 둥근 것이 암컷이고 무게가 묵직한 것이 좋다.

밥도둑 게장! 어린시절 마땅히 간식거리가 없을 적에는 하루 세끼 밥이 전부였다. 학교를 마치고 집으로 달려와 허기진 배를 채우기 위해 부엌 이곳저곳을 뒤지다 가 부뚜막에 올라 앉아 있는 항아리를 발견하고 뚜껑을 열면 그 속에는 어머니가 전날 시장에서 사오셔서 간장을 달여 부어 놓은 간장게장, 바로 밥도둑이 있었다.
아직 덜 익은 게장을 어린 마음에 먹고 싶어 한 마리 꺼내어 밥에 올려 까먹던 시절, 저녁에 농사일을 마치고 돌아오신 어머니께서는 아직 덜 익은 게장을 먹었다며 꾸지람과 함께 안쓰러운 마음으로 게딱지를 뜯어 꽉 찬 누런 알과 장을 함께 양념에 버무려 밥에 올려 주시던 어머니… 지금도 자식들이 온다는 소식이면 불편하신 몸으로도 자식들이 좋아하는 음식이라면서 손수 시장에 가시고 싱싱한 꽃게를 장만하여 음식을 만들어 주시면서 자식들 입에 들어가는 것이 가장 행복하다시며 흐뭇한 표정으로 바라보시곤 하신다.

충청도 광천 나계진 선생댁

쇠머리 찰떡

재료 및 분량

찹쌀 5컵(찹쌀가루 10컵), 소금 1큰술
팥 1컵, 불린 서리태 1컵, 소금 1큰술, 설탕 1/2컵
밤 10개, 대추 10개, 흑설탕 1컵

만드는 법

1. 찹쌀은 깨끗이 씻어 8~12시간 불려 건져서 물기를 빼고 가루로 빻아, 분량의 소금을 넣고 체에 한 번 내린다.
2. 팥을 물에 3~4분 정도 끓여 팥 삶은 물은 버리고 다시 물을 붓고 팥이 터지지 않을 정도로 삶는다.
   불린 서리태와 팥은 물기를 뺀 후 설탕 1/2컵과 소금을 넣고 물기가 없을 때까지 졸인다. 밤은 껍질을 벗겨 4~6등 분하고, 대추는 돌려 깎기하여 4~6등분 한다.
3. 찹쌀가루에 준비한 팥, 콩, 밤, 대추를 넣어 섞는다. (찜기 밑에 깔 콩은 남겨둔다.)
4. 찜기에 면보를 깔고 콩을 바닥에 깐 다음 준비한 쌀가루를 넣으면서 중간 중간에 흑설탕을 솔솔 뿌리고, 김이 오른 후 20분 정도 쪄낸다.
5. 뜨거울 때 스텐 사각틀에 넣고 모양을 잡아 식으면 먹기 좋게 썬다.

Tip

- 뜨거울 때 냉동실에 넣고 급냉시킨 후 자르면 모양이 반듯하게 잘 썰어진다.
- 흑설탕을 군데군데 뿌려주면 색이 선명하고 먹음직스럽게 보인다.
- 밤, 대추는 설탕에 살짝 조려서 사용하기도 한다.
- 서리태는 삶지 않고 주름없이 불려서 사용하기도 한다.

동네아이들과 신나게 놀다가 저녁 무렵 집에 돌아오면 마당 한쪽에 풋콩이 쌓인 날 밤에는 우리집에 동네아주머니들이 모여 잔치를 벌이는 날이었다. 유난히 가마솥에 찐 풋콩을 좋아하던 나는 저녁밥을 든든히 먹고 배가 꺼지기도 전에 찐 콩을 볼이 터져라 넣고 우물거릴라치면 어머니는 많이 먹으면 배 아프다며 내일 떡 해주신다면서 많이 먹지 못하게 하셨다. 먹을 것이 많지 않던 그때 어느 집에 떡을 하거나 잔칫날이면 동네아이들은 그 집 아이에게 잘 보여 먹을 것을 얻어먹고 싶은 마음에 따라다녔다.

그럴 때면 할머니께서는 밤새 불린 찹쌀과 팥, 콩, 대추, 밤을 넉넉히 넣은 이 쇠머리찰떡은 맛이 달아 소화가 잘되고 오장을 보해주며 기운을 돋고 위장을 튼튼하게 하여 사람들을 굶주리지 않게 해주는 것이라며 찰떡을 넉넉히 쪄 동네 집집마다 가져다 드리라며 심부름을 시키셨다.

충청도 광천 나계진 선생댁

약편(藥片)

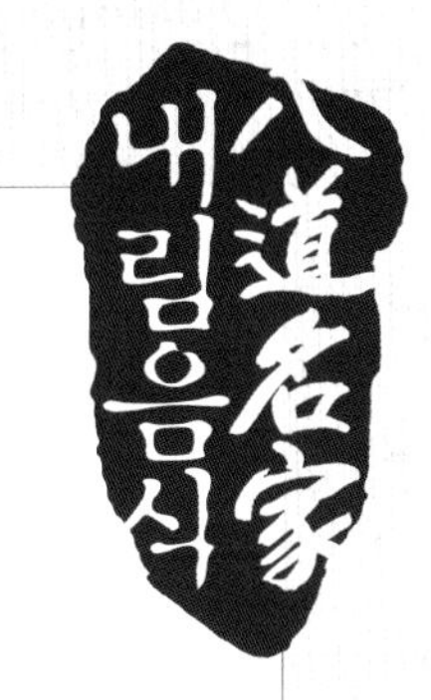

재료 및 분량

멥쌉 5컵(멥쌀가루 10컵), 소금 1큰술
대추고 1컵, 막걸리 1/2컵, 설탕 1/2컵
대추고 : 대추 200g, 물 6컵, 설탕 1/2컵
고명 : 대추 3개, 석이버섯 1개, 밤 3개

만드는 법

1. 멥쌀은 깨끗이 씻어 물에 8~12시간 담갔다가 건져 물기를 빼고, 빻아 소금을 넣고 체에 한 번 내린다.
2. 냄비에 대추와 분량의 물을 붓고 센불에 올려 끓으면, 중불로 낮추어 40분 정도 끓여 과육은 체에 내려 대추즙을 만들고, 씨와 껍질은 버린다. 대추즙은 다시 냄비에 붓고 약불에서 20분 정도 조려 대추고를 만든다.
3. 고명으로 준비한 대추는 면보로 깨끗이 닦아서 돌려깎기하여 씨를 빼고 길이 2.5cm 폭, 두께 0.2cm 정도로 채 썰고, 밤은 껍질을 벗겨 대추와 같은 크기로 채 썬다.
   석이버섯은 물에 1시간 정도 불려 비벼 씻어 돌기를 떼어내고 물기를 닦아 폭 0.2cm 정도로 채 썰어 놓는다.
4. 멥쌀가루에 대추고와 막걸리를 넣고 수분을 맞추어 체에 내린 다음 분량의 설탕을 넣고 섞어준다.
5. 대나무 시루에 준비한 쌀가루를 안치고 위에 고명을 얹은 다음 찜기에 올려 김이 오르면 20분 정도 쪄준다.

Tip

- 약편은 대추떡이라고도 하며, 대추고는 껍질 없이 고와야 한다.
- 막걸리가 들어가 떡이 부드럽고 촉촉하다.
- 분량의 막걸리를 넣어도 수분이 적으면 물로 수분을 맞춘다.
- 찜기에 쌀가루를 앉힐 때는 젖은 면보에 설탕을 살짝 뿌려주면 달라붙지 않는다.

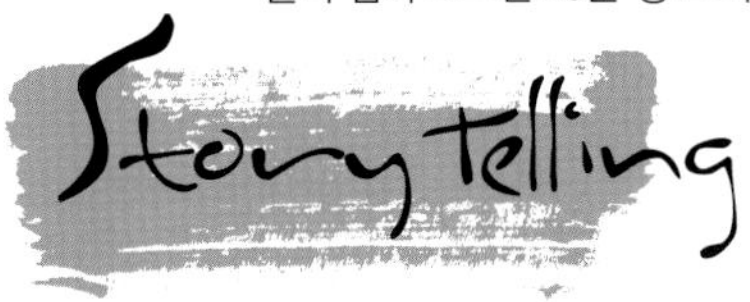

대추를 보고 먹지 않고 그냥 지나치면 늙는다는 옛 이야기가 있다. 그만큼 우리 몸에 좋은 성분이 많아서 그럴 것이다.
집 마당 양쪽에 아주 오래된 대추나무가 있었다. 대추가 주렁주렁 열려 대추가 붉게 익기 시작하면 달콤한 맛에 호주머니에 한 가득 따서 먹고 다니면, 어린애가 대추 맛을 알고 먹느냐며 할머니께서는 말씀하시곤 하셨다. 대추나무를 너무도 소중히 생각하시던 할머니, 대추는 나무부터 씨까지 버릴 것이 하나도 없다시며 대추씨도 푹 고아 물을 마시면 잠도 잘 온다며, 가끔 잠을 못자고 뒤척이면 대추를 푹 고아 주시곤 하셨다. 그래서인지 우리집은 동네에서도 유난히 대추나무가 많았다. 대추가 다산과 무병장수를 의미해서 일까? 우리 할머니께서는 백수를 하셨고 우리 형제는 칠남매로 다복한 집안이었다.

충청도 광천 나계진 선생댁

녹파주(綠波酒)

재료 및 분량

밑술 : 멥쌀 1kg, 끓인 물 15컵(3L), 누룩 200g
덧술 : 찹쌀 2kg, 물 10컵(2L)

만드는 법

밑술

❶ 멥쌀은 깨끗이 씻어 5시간 담갔다가 물기를 빼고, 가루로 곱게 빻아 끓는 물을 넣고 죽을 쑤어 차게 식힌다.

❷ 식힌 죽에 누룩을 넣어 잘 버무려 항아리에 담아 23~25℃에서 3일간 발효시킨다.

덧술

❶ 찹쌀은 깨끗이 씻어 5시간 담갔다가 물기를 빼고 김이 오른 찜기에 40분 정도 지에밥을 찐 다음, 끓는 물을 부어 스며들면 차게 식힌다.

❷ 차게 식힌 밥에 밑술을 넣어 잘 버무려 항아리에 담아 23~25℃에서 20~30일 발효시킨 다음 맑은 술이 고이면 채주한다.

- 누룩은 곱게 갈아주어야 발효에 도움이 된다.
- 고두밥은 차게 식혀야 술독에 담았을 때 품온의 상승을 막는다.
- 용수를 사용할 경우 용수를 끓여 차게 식혀 사용하면 잡균의 오염을 막을 수 있다.

신혼여행을 다녀와 시댁 문 앞에 도착할 즈음 시어머니께서 달려 나오시며 반갑게 맞아주셨다. 시어머니께 인사를 드리고 시아버지 산소에 가려고 나서는 우리에게 환하게 웃으시며 곱게 싼 꾸러미를 손에 쥐어 주셨다. 꾸러미 안에는 시아버지께서 살아생전 즐겨 드시던 술 한 병과 음식이 정갈하게 담겨 있었다. 젊어서부터 시어머니께서는 음식 솜씨가 좋아 동네잔치에 항상 빠지지 않고 인기가 좋으셨다 한다. 이 술은 집안에 내려오는 가양주라며 할머니께서 그러하셨듯이 이제는 새아기가 배워서 담고 며느리에게 물려주라고 시어머니께서 말씀하셨다. 색깔이 곱고 향이 너무 좋아 차마 입에 넣을 수가 없었다. 그래서인지 시아버지께서 반주로 즐기기를 좋아하셨고 지금도 제례상과 집안 잔칫날에는 빠지지 않고 항상 올라가는 술이기도 하다.

충청도 광천 나계진 선생댁

소곡주(小麯酒)

재료 및 분량

밑술 : 멥쌀 1kg, 탕수 2L, 누룩 150g, 밀가루 150g
덧술 : 멥쌀 2kg, 탕수 2.5L

만드는 법

밑술

❶ 멥쌀은 깨끗이 씻어 5시간 불려서 물기를 뺀 후 곱게 가루를 빻은 다음, 끓는 물을 부어 고루 익혀 가며 범벅을 만들어 차게 식힌다.

❷ 차게 식힌 범벅에 밀가루와 누룩가루를 넣고 버무려 항아리에 담아 23~25℃에서 3일간 발효시킨다.

덧술

❶ 멥쌀은 깨끗이 씻어 5시간 불려서 물기를 뺀 다음 김이 오른 찜기에서 1시간 고두밥을 찐 다음, 뜨거운 밥에 끓는 물을 붓고 스며들면 차게 식힌다.

❷ 차게 식힌 고두밥과 밑술을 넣고 잘 버무려 항아리에 담아 23~25℃에서 20일~30일 정도 발효시키고 맑은 술이 고이면 채주한다.

Tip

- 쌀은 맑은 물이 나올 때까지 깨끗이 씻는다.
- 쌀이 깨지지 않게 살살 씻어야 술 맛이 탁해지지 않는다.
- 범벅으로 밑술을 할 경우 술의 향이 뛰어나지만 독한 맛도 준다.
- 좋은 밑술이 좋은 덧술을 만들 수 있다.
- 끓는 물을 고두밥에 붓는 것은 빨리 스며들어 부풀면서 효소반응이 쉽게 진행되어 발효율을 높일 수 있다.

앉은뱅이술 소곡주, 조선시대 한 선비가 과거시험을 보러 가던 중 서천 한산 지방을 지나가는 길에 어두운 저녁이 되어 쉬어갈겸 목을 축이려 주막에 들러 처음 한 잔은 갈증해소로 마시게 되었고 두 번째 잔부터는 그 맛과 향에 사로잡혀 계속 먹다보니 일어날 수가 없었고 과거 날짜를 놓쳐 과거를 볼 수 없었다. 또한 술이 독하여 며느리가 술맛을 보느라고 젓가락으로 찍어 먹다 보면 저도 모르게 취하여 일어서지도 못하고 앉은뱅이처럼 엉금엉금 기어다녔다해서 소국주를 '앉은뱅이술'이라고도 하였다.

가을 추수가 끝나고 농한기가 시작될 때쯤 소곡주를 빚는 날이면 어머니께서는 목욕를 하고 깨끗한 옷으로 갈아입고 다 빚을 때까지 말씀을 전혀 안하시며 정성을 다하여 빚으셨다.

술이 다 익어갈 때쯤에 어떻게 알고 오시는지 술을 좋아하시는 동네어르신들께서 우리집에 들러 한 잔 두 잔 맛과 향에 취해 일어나질 못했던 기억이 새록새록 떠오른다.

충청도 광천 나계진 선생댁

은화춘(銀花春)

재료 및 분량

밑술 : 멥쌀 2kg, 탕수 2.5L, 누룩 160g, 밀가루 40g
덧술 : 멥쌀 4kg, 탕수 5L, 누룩 40g

만드는 법

밑술

❶ 멥쌀은 깨끗이 씻어 5시간 불려서 물기를 뺀 후 곱게 가루를 낸 다음 끓는 물을 넣어 죽을 쑤어 차게 식힌다.
❷ 차게 식힌 죽에 밀가루와 누룩가루를 넣고 버무려 항아리에 담아 23~25℃에서 3일간 발효시킨다.

덧술

❶ 멥쌀은 깨끗이 씻어 5시간 불려서 물기를 뺀 다음 김이 오른 찜기에서 1시간 고두밥을 찐다.
❷ 뜨거운 밥에 끓는 물을 붓고 스며들면 차게 식힌다.
❸ 차게 식힌 고두밥에 밑술, 누룩을 넣고 잘 버무려 항아리에 담아 23~25℃에서 20~30일 정도 발효시키고 맑은 술이 고이면 채주한다.

- 고두밥을 찔 때 멥쌀은 1시간 정도 익혀주고, 찹쌀은 40분 정도 익혀준다.
- 죽으로 밑술을 할 경우 빛깔이 맑으며 발효 기간이 짧다.
- 덧술은 밑술보다 온도를 1~2℃ 정도 낮게 하는 것이 적당하다.
- 초기 2~3일은 아침, 저녁으로 저어주어야 품온이 올라가는 것을 방지할 수 있다.

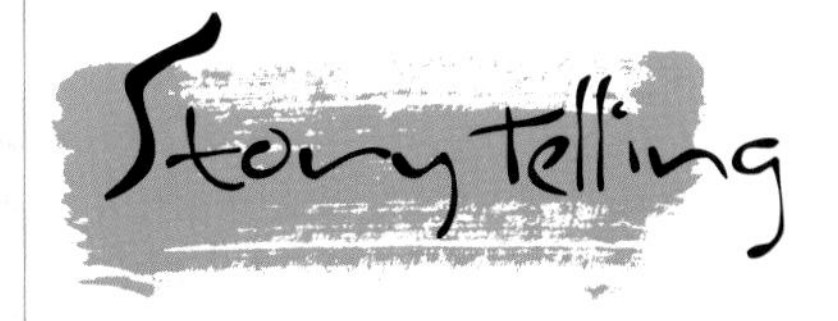

텔레비전이 많지 않던 그 시절에는 텔레비전이 있던 우리집에는 항상 사람의 발길이 끊이지 않았고, 덕분에 나는 동네아이들 가운데에서 왕초로 목소리가 클 수밖에 없었다. 주말이면 인기가 많던 레슬링, 권투, 주말연속극을 보기 위해 저녁을 먹고 난 후 동네사람들은 우리집으로 모여들기 시작했다. 아이들이 돌아가고 난 뒤에는 항상 술상이 차려지는데 이때는 할머니께서 시집 오기 전부터 만들어 드셨다는 은하춘이 나왔다. 은하춘은 벼농사를 위해 볍씨를 물에 담글 때쯤에 담가 모내기 할 때 목마름에 목을 축이기 위해 많이도 인기였단다. 쌀이 부족하여 금주령을 내렸을 때에도 항아리를 산 속에 숨기기도 하고, 땅 속에 묻어가며 담가왔다는 은화춘은 단맛보다는 뒤에 오르는 취기가 좋다고 동네어른들께서 항상 말씀하시기도 했다.

충청도 광천 나계진 선생댁

호두주(胡桃酒)

재료 및 분량

밑술 : 멥쌀 1Kg, 물 1.25L, 누룩 500g, 깐 호두알 50g
덧술 : 멥쌀 3kg, 누룩 300g, 끓여 식힌 물 3.74L, 깐 호두알 150g

만드는 법

밑술

1. 멥쌀은 깨끗이 씻어 5시간 불려서 물기를 뺀 후 곱게 가루를 빻은 다음, 쌀가루에 물을 1컵 정도 넣어 손으로 잘 비벼 체에 내린 다음 찜기에 앉혀 센불에서 김이 오른 후 30분 정도 찐다.
2. 껍질깐 호두는 종이위에 얹고 기름기를 빼고 곱게 간다.
3. 쪄낸 설기에 끓는 물을 넣어가며 잘 풀어주어 차게 식힌 다음, 누룩가루와 깐 호두를 넣고 잘 버무려 항아리에 담아 23~25℃에서 3일간 발효시킨다.

덧술

1. 멥쌀은 깨끗이 씻어 5시간 불려서 물기를 뺀 다음 김이 오른 찜기에서 1시간 고두밥을 찐다.
2. 껍질 깐 호두는 종이 위에 얹고 기름기를 빼고 곱게 간다.
3. 차게 식힌 고두밥에 밑술과 누룩, 물, 깐 호두를 넣고 잘 버무려 항아리에 담아 23~25℃에서 25일~30일 정도 발효시키고 맑은 술이 고이면 채주한다.

Tip

- 설기는 뜨거울 때 끓는 물을 넣어 주어야 잘 풀린다.
- 술이 익어 맑은 술이 고일 때 호두기름이 위에 뜨면 걷어낸다.
- 한방에서는 변비나 기침의 치료, 동독(銅毒)의 해독 등의 약재로 쓰인다.
- 설기로 밑술을 만들면 감칠맛이 뛰어나다.

시댁 큰마당 한쪽에 보면 호두나무들이 아름드리 서있다. 그래서인지 가을이면 청솔모가 와서 바쁘게 겨울준비를 하고, 바닥에 호두가 떨어지면 아이들은 호두 줍기에 여념이 없다. 호두 겉껍질을 만지면 옻을 타는 알레르기로 인해 호두를 만질 수가 없는 나에게 시어머니께서는 손수 주워 겉껍질을 까서 단단한 호두알을 손에 쥐여 주시곤 하셨다. 그러시면서 한쪽에 있는 조그마한 움집에서 술 한 병 가져 오시더니 마셔보라 하신다. 고소한 것이 너무 맛있다. 술을 마시지 못하는 나이지만 금세 두 잔을 비웠다. 어머니 이것이 무엇인가요? 하고 묻자 호두주라고 말씀하시며, 호두주는 어머니께서 약주로 드셨는데 혈액순환에 좋고 머리가 맑아지는 것 같아서 한 잔씩 드신다고 하셨다. 지금은 돌아가셨지만 호두주를 즐겨 드셔서 그런지 연세에 비해 피부가 좋고 젊어 보이셨던 것 같다. 호두를 볼 때면 시어머니가 뵙고 싶다.

서울

민유홍 선생댁

민유홍

민유홍 발효음식연구원 원장

- 2004년 전국 떡만들기 경연대회 수상
- 2004년 서울세계음식박람회 서울음식부문 금상 수상
- 2005년 세계음식박람회 장류(특미장) 금상 수상
- 2013년 한국음식관광박람회 향토음식부문 장관상 수상
- 2013년 식자재 박람회 전국 8도음식 전시
- 2013년 한국음식관광박람회 향토음식부문(개성음식) 금상 수상
- 2013년 "궁중과 사대부가의 전통혼례음식축제" 전시

이야기가 있는 맛의 철학

한 집안의 품격은 안주인의 덕과 음식 맛에서 비롯된다. 손이 커도 덕이 없으면 품격이 떨어지고 덕은 있으나 손이 작으면 그 인색함이 오해를 사 품격이 떨어진다는 뜻이다. 내 어머니는 여느 솜씨와 덕을 갖춘 보기 드문 종가의 며느리였다. 독립유공자이셨던 할아버지와 국회후생과장까지 지내신 아버지 덕분에 늘 들고 나는 손님 치르는 일이 어머니의 일상이 될 만큼 고단한 삶을 사셨는데도, 얼굴 한 번 찡그리는 일 없이 항상 미소를 잃지 않으셨다. 여섯 명이나 되는 우리 형제들을 키우며 대가족 살림을 도맡아 하는데도 무엇 하나 흠잡을 데 없이 척척 해내시곤 했는데, 내 눈에 그런 어머니는 언제나 크고 멋

쉽게 사 먹을 수 있는 인스턴트 음식과 퓨전음식들이 넘쳐나는 세상에서 내림음식은 자칫 전통음식으로 치부되어 외면받기 십상이다. 낯설기도 하지만 그 맛이 원초적이라 가미된 맛에 길들여진 요즘사람들에게 쉽게 다가가기 어려울 수도 있다. 그러나 나는 인기를 추구하는 음식보다 건강과 행복을 챙길 수 있는 우리음식에 대한 자부심이 더 크다.

진 여인으로 보였다. 어머니도 자식들 중 내가 막내라서 그런지 다른 형제들보다 더 품에 안고 애틋하게 대해주셨다. 자식은 내리 사랑이라고, 어쩌면 당신을 많이 닮은 막내라서 내게 더 각별했던 것인지도 모른다.

어머니의 그런 각별한 애정 때문인듯 나는 유난히 어머니를 따라다녔고, 어머니가 있는 곳에는 구수한 입담이 담긴 음식이야기가 항상 빠지지 않았다. 할머니와 어머니는 언제나 윗대부터 전해져 내려오는 우리 집안의 전통음식부터 지역의 특색이 담긴 향토음식까지 폭넓게 알고 계셨는데, 그때마다 나는 두 분의 이야기와 음식솜씨에 홀딱 반해 시간 가는 줄 몰랐다. 두 분이 나누는 음식이야기 속에서 나는 한 집안의 전통과 역사 문화가 고스란히 살아있음을 느꼈고, 그 전통을 지켜나가는 일이야말로 내가 해야 할 최고의 가치라는 걸 깨달았다.

이번에 선보이는 더덕장아찌와 가리찜, 계탕(완자탕), 묵물죽, 마늘고추장, 산포법, 도토리묵 장아찌, 승검초 단자, 삼색감로빈, 생치장 등은 다소 생소하지만 우리 조상들의 지혜와 멋이 듬뿍 담긴 품격 있는 음식이라고 할 수 있다. 음식이 약이 되는 것은 식재료 하나하나마다 가지고 있는 맛과 색, 특성이 서로 조화를 이루기 때문이고, 사람과 음식도 궁합이 있어 자신에게 잘 맞는 음식을 먹어야 건강할 수 있다. 내가 할머니와 어머니로부터 배운 것은 음식의 맛을 내기 위한 조리법과 요령이 아니라 그 음식이 가지고 있는 이야기와 건강을 담보한 맛의 철학이다. 안타깝기는 세월이 많이 흘러 그 기억들이 흐려질까 걱정이지만, 아직은 내 가슴과 손이 내 어머니의 맛과 이야기를 기억하고 있어 지금도 음식을 공부하는 게 즐겁고 행복하다.

쉽게 사 먹을 수 있는 인스턴트 음식과 퓨전음식들이 넘쳐나는 세상에서 내림음식은 자칫 전통음식으로 치부되어 외면받기 십상이다. 낯설기도 하지만 그 맛이 원초적이라 가미된 맛에 길들여진 요즘사람들에게 쉽게 다가가기 어려울 수도 있다. 그러나 나는 인기를 추구하는 음식보다 건강과 행복을 챙길 수 있는 우리음식에 대한 자부심이 더 크다. 땅의 기운과 하늘의 기운을 담고 있는 우리음식이야말로 세계적인 음식이다. 해서 나는 오늘도 가을볕에 빨간 고추를 말리며 어머니가 들려주시던 옛사람들의 이야기를 떠올린다.

서울 민유홍 선생댁

묵물죽

재료 및 분량

녹두 2컵, 쌀 1컵, 물 8컵, 소금 1작은술

만드는 법

1. 녹두를 물에 8시간 정도 담가 비벼 껍질을 벗기고 깨끗이 씻어 믹서에 물과 함께 넣고 곱게 갈아 사주머니에 넣고 주물러 짜서 앙금을 가라앉힌다.
2. 쌀을 깨끗이 씻어 2시간 정도 불린다.
3. 녹두앙금이 가라앉으면 윗물을 따라 놓는다.
4. 냄비에 불린 멥쌀과 갈아놓은 녹두의 웃물을 붓고 나무주걱으로 저어가며 끓이다가 중불로 낮추어 10분 더 끓인 후 가라앉힌 녹두앙금을 넣고 약불에서 25분 정도 끓인다.
5. 죽이 잘 어우러지면 소금으로 간을 하고 그릇에 담는다.

Tip

- 녹두를 무르게 삶아 체에 내린 뒤 앙금을 만들어 사용하기도 한다.
- 녹두는 성질이 차서 몸 속의 열을 제거하고 염증성 질환을 가라앉힌다.
- 녹두의 껍질을 벗길 때는 제물에서 씻어야 껍질이 잘 벗겨진다.
- 녹두물을 끓여서 새알심을 준비하여 삶아 넣어도 좋다.

어머니께서는 녹두죽을 자주 끓이셨다. 녹두의 찬 성질이 여름을 나는 좋은 음식이며 몸 속의 열독을 제거하고 염증성 질환을 가라앉히고 술독 해소에 좋고, 입안이 쓰거나 식욕이 없을 때 먹으면 좋은 음식이라고 하셨다. 할아버지가 약주를 거하게 드신 다음날이나 할머니가 입맛이 없어 하실 때마다 어머니는 녹두죽을 자주 끓여 드리셨다. 덕분에 그 날은 가족 모두가 녹두죽을 먹는 날이었다. 지금도 가끔 그때 맛이 생각나 녹두죽을 끓여 먹으면 돌아가신 어머니를 마주 대하는 것 같은데 어릴 때 녹두죽이 뜨거워 잘 먹지 못하는 나를 어머니는 후후 불어가며 입속에 넣어 주셨던 생각이 난다. 그 씁쓸하면서도 고소하던 맛! 우리 아이들에게도 선물하고 싶은 맛이다.

서울 민유홍 선생댁

계탕(鷄湯 완자탕)

재료 및 분량

닭 한 마리(800g), 물 10컵, **향채 :** 통마늘 5개, 대파 1/2뿌리
닭양념 : 소금 1큰술, 후춧가루 1/3작은술
녹두녹말 3큰술, 육수 7컵, 소금 1큰술, 달걀 1개, 파 1뿌리

만드는 법

1. 닭은 먹기 좋게 썰어 끓는 물에 데친다. 냄비에 물과 준비한 닭을 넣고 센불에서 20분 정도 끓이다가 향채를 넣고 30분 정도 푹 삶아 닭은 건지고 육수는 식혀 기름을 걷어낸다.
2. 삶은 닭은 살만 곱게 다져 양념을 넣고 주물러 직경 2cm 정도의 완자를 빚어 녹말을 고루 입히고 끓는 물에 넣어 완자가 떠오르면 건진다.
3. 대파는 어슷 썰고 달걀은 풀어 놓는다.
4. 육수를 끓이다가 달걀 푼 것을 넣어 줄알을 치고 대파를 넣어 한소끔 더 끓으면 그릇에 완자를 담고 육수를 부어 낸다.

Tip

- 완자를 찜기에 쪄서 끓이기도 한다.
- 달걀 줄알을 칠 때는 약불에서 하며 달걀 1개에 물 1큰술 정도 넣으면 부드럽게 된다.
- 육수는 차게 식혀서 기름을 걷으면 국물이 맑다.
- 향채는 고기가 익은 후에 넣어야 누린 맛 제거에 효과적이다.

삼복더위가 시작되면 할머니와 어머니는 복날을 모두 챙기셨는데 닭을 잡아 백숙이나 맑은 계탕을 만드셨다. 닭에 인삼과 대추, 찹쌀을 넣고 푹 고아 식구들을 먹이신 것이다. 더위에 땀을 많이 흘려 몸이 쉽게 지칠까봐 복날이면 당신의 더위는 아랑곳하지 않으시고 가족들을 먼저 챙기기에 바쁘셨다. 그 중 맑은 계탕은 아버지가 잘 잡수셨는데 부엌에서 닭을 삶는 날이면 언니와 나는 연신 부엌 문턱이 닳도록 들락거리느라 바쁘게 다녔다. 할머니는 그때마다 저리가라고 하시면서도 푹 고아진 연한 닭살에 소금을 찍어 입안에 넣어 주시곤 하셨다. 그때 입에 넣어주셨던 그 닭살이 얼마나 쫄깃하고 맛있었는지….

서울 민유홍 선생댁

가리찜

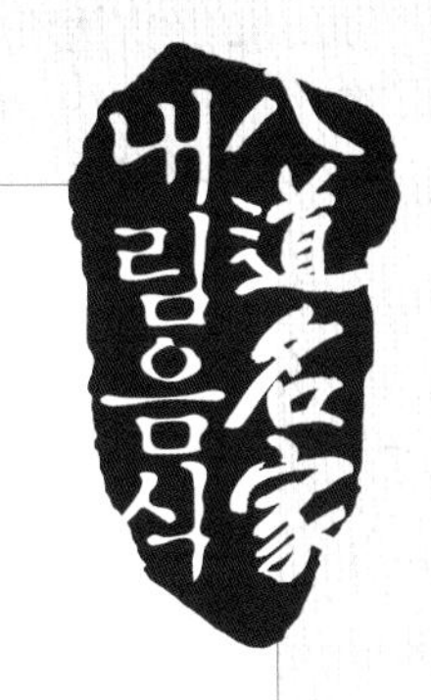

재료 및 분량

쇠갈비 600g, 물 6컵, 표고버섯 3개, 새송이버섯 2개, 석이버섯 2장
달걀 1개
갈비양념 : 간장 4큰술, 설탕 2큰술, 다진파 1큰술, 다진마늘 1큰술
후춧가루 1/2작은술, 깨소금 1작은술, 배즙 100g
잣가루 1큰술

만드는 법

1. 쇠갈비는 가로 3cm, 세로 3cm, 두께 0.6cm 정도로 준비하여 물에 담가 3시간 정도 핏물을 뺀다.
2. 표고버섯, 석이버섯은 미지근한 물에 1시간 정도 불리고 새송이버섯은 크게 어슷 썬다.
3. 갈비양념장을 만들고 달걀은 황백 지단으로 부쳐 마름모꼴로 썬다.
4. 냄비에 물이 끓으면 갈비를 데쳐낸다. 냄비에 갈비와 물 3컵 정도 넣고 중불에서 30분 정도 끓인다.
5. 끓고 있는 냄비에 갈비양념장 1/2을 넣고 졸이다가 간장이 반쯤 줄어들면 표고버섯, 석이버섯, 새송이버섯, 잣가루와 나머지 양념장을 넣고 자작하게 졸인 후 황백 지단을 얹는다.

Tip

- 갈비를 한 번 무르게 익힌 후에 사용하면 양념이 갈비에 잘 배다.
- 양념간장은 두 번에 나누어 넣어야 간이 고루 배다.
- 마지막 양념을 넣은 후에 국물을 끼얹어 가면서 졸이면 윤기가 난다.
- 가리란 말은 갈비를 이르는 말이다.

가리는 갈비를 이르는 옛말이다. 지금은 언제든 만들어 먹는 음식이지만 내가 어릴 때에는 그리 흔한 음식은 아니어서 여느집처럼 명절 때나 집안어른의 생신 때가 되면 해먹던 음식이다. 어머니의 가리비찜은 밤새 약불에 푹 끓여 뼈가 쏙 빠져나올 정도로 흐물흐물하게 만든 음식이었는데 별다른 양념이 없어도 고기가 아주 부드럽고 연하며 깊은 맛이 났다. 항상 넉넉하게 만들어 주신다고는 하셨지만 우리 남매들에겐 늘 모자라 가리비찜이 상에 오르는 날이면 언니 오빠들의 바빠진 손놀림에 그때만큼 얄미운 적도 없었다. 지금도 모두 모여 식사할 때면 그때의 일을 떠올리며 한바탕 웃곤 한다

서울 민유홍 선생댁

산포법

재료 및 분량

쇠고기 우둔살 600g, 청주 1/2컵, 설탕 4큰술
향채 : 파 2뿌리, 마늘 20g, 통후추 3g
양념장 : 간장 4큰술, 설탕 3큰술, 물 5큰술, 매실청 3큰술

만드는 법

1. 냄비에 향채와 양념장을 넣고 센불에서 끓으면 약불로 낮추어 3분 정도 끓인 후 체에 거른다.
2. 쇠고기는 기름기를 제거하고 청주와 설탕을 뿌려 30분 정도 두었다가 깨끗한 면보로 핏물을 닦는다.
3. 준비된 쇠고기는 양념장을 넣고 양념이 잘 스며들도록 주무른 다음, 채반에 널어 서늘하고 바람이 잘 통하는 곳에서 뒤집어가며 잘 말려 한지로 싸서 밀봉하여 냉동보관한다.
4. 먹을 때는 참기름을 살짝 발라 약불에서 구워 먹는다.

Tip

- 육포는 핏물을 잘 제거해야 누린내가 나지 않는다.
- 육포를 할 때에는 24절기 중 처서 때부터 하지 전까지 말리기에 가장 좋다.
- 육포는 혼례 때 폐백음식으로 사용하는데 목기에 반듯하게 담는다.
- 육포는 우둔살이나 대접살같이 지방분이 적은 부위를 한다.

아침 저녁으로 선선한 바람이 불기 시작하는 처서가 되면 육포를 만들기에 적당한 때가 된 것이다. 옛날부터 여흥민씨 집안에서는 혼례 때 시부모님에게 대추와 육포 또는 편포를 드렸다고 한다. 할머니께선 시집오실 때 시부모님께 육포를 올리시고 그 후 해마다 처서 때가 되면 만들어 드시곤 했는데 그때마다 고기는 할아버님이 직접 사다 주셨다고 한다. 특히 육포는 할아버님이 약주를 드실 때나 집안어른들이 오셔서 주안상을 낼 때 육포가 생각되어 올려진 귀한 음식이었다. 어릴 적 어머님이 하시던 전통음식을 배우고 나서 가장 먼저 해본 음식이 육포였다. 처음 만들고 난 후 어머님의 육포 맛과 비슷해 얼마나 뿌듯하였는지…. 어머니의 육포 솜씨만큼은 내가 잘 이어받은 것 같아 마음이 한껏 즐거운 하루를 보냈었다.

서울 민유홍 선생댁

마늘고추장

재료 및 분량

보릿가루 600g
껍질 깐 마늘 400g, 물 12컵
메줏가루 300g, 고운고춧가루 500g
물엿 400g, 소금 2컵

만드는 법

1. 보릿가루는 익반죽하여 경단을 만들어서 끓는 물에 삶아 건진 후 잘 치대어 풀어준다.
2. 깨끗이 씻은 마늘을 솥에 물과 함께 넣고 끓으면 중불에서 1시간 정도 끓인다.
3. 끓인 마늘물을 식혀서 풀어놓은 보리경단, 메줏가루, 고춧가루, 물엿을 넣고 잘 섞은 다음 소금으로 간을 하고 고루 잘 저어 섞는다.
4. 소독된 항아리에 준비한 고추장을 담고 웃소금을 뿌린 다음 바람이 잘 통하고 서늘한 곳에 3~4개월 정도 숙성시킨다.

Tip

- 마늘은 하지(夏至) 전에 담그는 여름 고추장이다.
- 마늘고추장을 먹을 때 향이 뛰어나고 맛도 좋다.
- 보리고추장, 찹쌀고추장은 익어야 먹는데 마늘고추장은 바로 먹어도 좋다.
- 마늘고추장은 잡균을 없애고 방부효과가 있다.

마늘은 강한 냄새를 제외하고는 100가지 이로움이 있다고 하여 일해백리(日害百利)라고 부른다. 하지 때가 다가오면 어머니는 연한 마늘을 준비해 고추장을 담그셨다. 많은 수고를 들이시고 때를 맞추어 담으시는 어머니의 지혜가 있어서인지 입맛이 없는 계절엔 가족 모두의 입맛을 살려주는 보약과도 같음 음식이었다. 고추장을 담기 위해 껍질을 벗긴 마늘은 유난히 하얗고 윤이 나서 반짝거렸다. 직접 말려 곱게 가루를 낸 빨간 태양초와 초여름에 수확하여 싹을 띄운 보리를 갈아 담근 고추장은 몇 개월의 숙성을 거치면 그 맛이 일품이었다. 장독을 깨끗이 해야 장맛이 변하지 않는다며 행주로 반들반들 닦으셨던 어머니…어머니의 지혜로움이 담긴 음식이 생각나는 날이다.

서울 민유홍 선생댁

생치장(生稚醬)

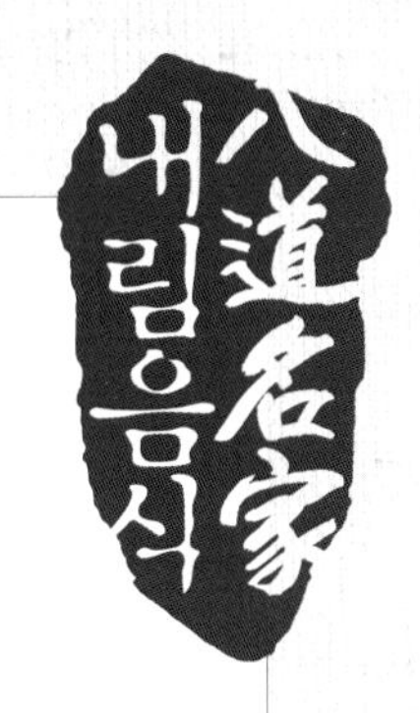

재료 및 분량

꿩 1마리, 산초가루 2작은술
양념 : 된장 2컵, 다진마늘 2큰술, 후춧가루 1작은술

만드는 법

❶ 꿩은 깨끗이 씻은 후 꽁지 쪽의 지방을 떼어내고 끓는 물에 5분 정도 튀한다.
❷ 물이 끓으면 꿩을 넣고 10분 정도 삶다가 산초가루를 넣고 중불에서 30분 정도 삶아 꿩을 건져 살만 잘게 다진다.
❸ 팬에 생치와 된장양념을 넣고 간이 잘 배이도록 주무른 다음 약불에서 타지 않게 10분 정도 볶는다.
❹ 맛이 어우러지면 식혀서 작은 단지에 담는다.

Tip

- 된장 대신 고추장으로 하여도 맛이 있다.
- 볶을 때 물을 조금 넣고 볶아도 괜찮다.
- 팬에 볶을 때 불의 세기에 주의한다.
- 완성되었을 때 고추장 정도의 물기가 좋다.

음식은 추억이며 삶이다. 나이가 들면서는 어릴 적에 먹던 음식이 더 그리워지는 법이다. 지금은 꿩을 흔하게 먹을 수 있는 음식이 아니지만 내가 어릴 적엔 꿩을 넣은 음식이 많았다. 아버님은 외삼촌과 가끔씩 산이(우리 집 개)를 데리고 산에 꿩을 잡으러 나가셨다. 꿩은 날지 않고 뛰어갈 때가 많다. 뛰는 속도가 사람과 비슷하여 잡으려고 쫓아가면 멈추거나 속도가 느려져 산이가 쉽게 잡을 수 있었던 것 같다. 어머니께선 꿩을 삶아 살만 곱게 다져서 된장양념을 넣어 생치장을 만들어 항아리에 담아 겨울내내 식구들을 먹이시며 기력을 보충해 주셨다. 또 꿩의 머리부분과 뼈는 푹 삶아 차게 식혀 기름기를 걷어내고 시원한 동치미 국물과 함께 국수를 말아 주셨다. 맵고 짜지 않으며 기름지지 않고 담백한 토속적인 맛을 내는 생치장… 자극적인 입 맛에 익숙한 요즘 사람들에게는 이 맛을 이해하지 못할 수도 있지만 나는 겨울 되면 이 맛이 그리워진다.

서울 민유홍 선생댁

더덕장아찌

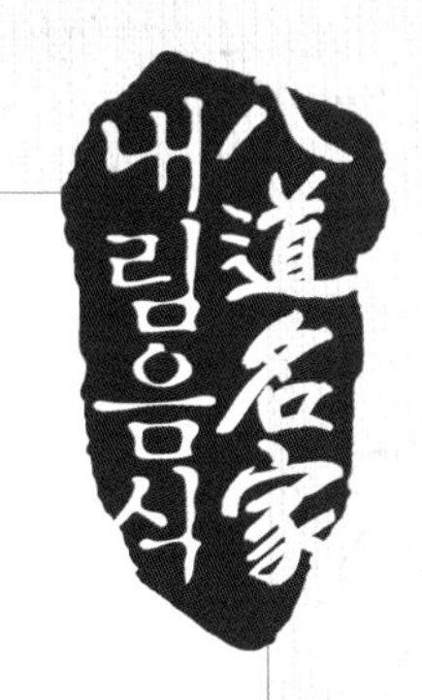

재료 및 분량

더덕 600g, **소금물** : 물 4컵, 소금 1큰술
된장 600g, 조청 200g

만드는 법

1. 더덕은 통째로 깨끗이 씻어 껍질을 벗긴 후 소금물에 30분 정도 담군다.
2. 준비한 더덕을 방망이로 살짝 두드린다.
3. 김이 오른 찜솥에 더덕을 넣고 5분 정도 쪄서 서늘한 곳에서 꾸덕꾸덕 2일 정도 말린다.
4. 된장과 조청을 잘 섞어서 1/2은 더덕과 잘 섞는다. 항아리에 나머지 된장을 깔고 더덕을 올린 후 다시 된장을 덮어서 2~3개월 숙성시킨다.

Tip

- 한방에서는 더덕을 사삼이라 하는데 산삼에 버금가는 약효가 있다고 하여 식용과 약용으로 써 왔다.
- 같은 방법으로 고추장장아찌를 하기도 한다.
- 더덕은 몸체가 고르고 너무 굵지 않은 것이 좋다.
- 더덕을 보관할 때는 흙이 묻어 있는 상태로 신문지나 랩에 싸서 냉장고에 보관한다.

더덕은 사삼 또는 백삼이라 하여 오래전부터 식용과 약용으로 사용해왔다. 친정어머니는 가을 추수가 끝날 즈음 장에 가서 더덕을 소쿠리 가득 사오셨다. 식구들이 모두 모여 더덕껍질을 벗기면 집안 가득 더덕 향이 가득하고 고모는 손에 때가 묻었다며 짜증을 내기도 하였다. 더덕을 고추장양념을 하여 구워 밥상에 올리면 조금이라도 더 먹으려고 다들 손놀림이 바빠졌다. 어머니는 잘 말린 더덕을 된장과 고추장에 잘 넣어두셨다가 맛이 들면 꺼내어 참기름과 깨소금으로 양념해 기나긴 겨울 밥상에 자주 올려 주시곤 하셨다. 지금 그때의 맛을 흉내 낼 수가 없는 것은 어머니의 조물조물 하시던 손맛이 없어서일까?

서울 민유홍 선생댁

도토리묵 장아찌

재료 및 분량

도토리묵 1kg
향채물 : 물 10컵, 대파 2뿌리, 마늘 30g, 다시마 10 · 10cm 1조각
달임장 : 간장, 향채물, 물엿, 식초 (각각 1/2컵씩)

만드는 법

1. 묵은 두께 2cm, 길이 5cm로 썰어 채반에 널어 바짝 말린다.
2. 냄비에 물과 대파, 마늘을 넣고 끓으면 중불로 낮추어 10분 정도 끓인 뒤 다시마를 넣고 불을 끈다. 30분 후에 체에 받친다.
3. 말린 묵을 자루에 담아 항아리에 넣고 달임장을 부어 떠오르지 않도록 서늘한 곳에서 한달 이상 숙성시킨다.
4. 도토리묵에 양념이 고루 배어들면 꺼내 참기름과 깨소금, 마늘, 파 등을 넣어 무쳐 먹는다.

Tip

- 도토리는 탄닌 성분이 있어 설사나 장출혈을 멈추게 한다.
- 도토리묵은 눌러 보아 탄력있는 묵이 좋다.
- 도토리는 벌레가 먹지 않고 단단한 것을 고른다.
- 도토리 가루는 습기가 차지 않은 곳에서 보관한다.

묵은 옛날부터 구황식이나 별식으로 즐겨 먹던 음식으로, 무공해 식품이며 탄닌 성분이 많아 소화가 잘 된다. 가을에 산에서 도토리를 많이 주워오면 어머니께서는 껍질을 까서 말린 후 절구에 빻아 물에 담궈 몇날 며칠 물을 갈아 주며 떫은 맛을 우려내고 앙금과 물이 분리되면 앙금을 잘 말렸다가 필요할 때마다 묵을 쑤셨다. 보드랍고 쫄깃한 묵이 입안에서 씹힐 새도 없이 목구멍으로 넘어가 계속 집어먹다보면 어느새 배가 금방 불러오곤 했었다. 어머니께서는 묵을 많이 쑤셔서 이웃들에게 나누어 주셨고 남은 묵은 손가락 크기로 썰어 말리신 후 찬거리로 쓰셨는데 말린 묵은 끓는 물에 데친 후 볶아 반찬으로, 장아찌로도 만들어 상에 자주 올리셨다.

서울 민유홍 선생댁

삼색감로빈(甘露濱)

재료 및 분량

흰색 반죽 : 찹쌀가루 1컵, 밀가루 1/2컵, 귤껍질 30g, 대추 13개
쑥색 반죽 : 찹쌀가루 1컵, 밀가루 1/2컵, 생강 10g, 후춧가루 0.1g
딸기색 반죽 : 찹쌀가루 1컵, 밀가루 1/2컵, 꿀 2큰술
시럽 : 설탕 5큰술, 물 5큰술

만드는 법

1. 찹쌀가루와 밀가루를 섞어 체에 내리고 3등분하여 각각 소금과 쑥가루, 딸기가루물을 넣고 고루 비벼 다시 체에 내린 다음 익반죽하고 직경 3cm, 두께 0.5cm 정도로 둥글납작하게 빚는다.
2. 고명용 귤껍질은 깨끗이 씻어 안쪽의 흰 속껍질을 저며 내고 껍질 부분만 길이 2cm 정도로 곱게 채 썬다. 대추는 젖은 면보로 닦고 살만 돌려 깍아서 0.1cm 정도로 채 썰고 생강도 껍질을 벗겨 깨끗이 씻고 길이 2cm 정도로 곱게 채 썬 후 물에 담가 매운맛을 뺀다. 귤껍질과 대추, 생강에 후춧가루와 꿀을 넣고 고루 섞어 고명을 만든다.
3. 냄비에 준비한 물과 설탕을 넣고 끓여 시럽을 만든다.
4. 팬을 달구어 식용유를 두르고 빚은 반죽을 약한불에서 앞뒤로 지져 고명을 얹고 시럽을 뿌린다.

Tip

- 팬에 반죽을 지질 때 불의 세기를 잘 조절해야 한다.
- 생강을 얇게 채 썰어 찬물에 담가 여러 번 헹궈 주어야 매운맛이 빠진다.
- 밀가루 대신 메밀가루를 넣으면 또 다른 맛을 느낄 수 있다.
- 감로빈은 이슬처럼 부드럽고 달콤하다는 뜻이다.

어린시절은 밀가루가 지금처럼 흔하지 않았다. 그렇지만 어머니께선 비가 오는 날이면 어김없이 밀가루에 호박, 부추, 풋고추를 잔뜩 넣어 부침을 해주셨다. 온 집안이 구수한 지짐 냄새로 가득해지면 온가족이 둘러앉아 부침개 하나로 행복했던 시절이 있었다. 오랜 세월이 지난 지금도 비가 오면 그때 생각이 나 부엌으로 향한다. 궁중음식을 배우게 되면서 알게 된 감로빈은 밀가루와 찹쌀가루를 섞어 만드는데 기름에 지져내어 달짝지근하면서도 고소하고 입안 가득 퍼지는 대추와 귤의 향이 참으로 감미로웠다. 시골 어머니댁에 갈 때면 항상 감로빈을 만들어 드렸는데 그때마다 밀가루로 만든 것이 맞냐고 물으시면서 맛있게 드시던 모습이 눈에 선하다.

서울 민유홍 선생댁

승검초 단자

재료 및 분량

찹쌀가루 5컵, 소금 1/2큰술 승검초가루 30g, 끓는물 적당량
소 : 거피팥고물 2컵, 소금 1작은술, 꿀 적당량
고물 : 잣가루 1컵
장식 : 멥쌀가루 적당량, 소금 적당량, 치자물 적당량, 잣

만드는 법

1. 찹쌀가루에 소금과 승검초가루를 넣고 고루 비벼 체에 내린다.
2. 거피팥고물은 소금과 꿀을 넣고 고루 섞은 다음 직경 2cm 정도의 크기로 빚어서 소를 만든다. 잣은 곱게 다져 고물로 준비한다.
3. 준비한 찹쌀가루에 끓는 물을 넣고 익반죽하여 소를 넣고 둥글게 빚는다.
4. 냄비의 물이 끓으면 빚은 반죽을 넣고 삶다가 떠오르면 30초~1분 정도 두었다가 건져서 찬물에 헹구고 물기를 뺀다.
5. 삶은 떡에 고물을 고루 묻힌 후 꽃 모양의 절편과 잣으로 장식을 한다.

Tip

- 단자는 궁중에서 임금님이 드셨던 떡이다.
- 경단은 단자와 거의 비슷하지만 일반인이 먹었고 소박하고 수수하다.
- 봄에는 쑥으로 단자를 하고 여름에는 승검초 생잎을 찧어서 한다.
- 승검초잎은 말려서 가루를 내어 쓰기도 하고 쌈으로 먹기도 한다.

당귀는 부인병에 좋아 보혈과 혈액순환에 약효를 보이며 예로부터 약용과 식용으로 섭취해 왔다. 선조들은 당귀뿌리를 달인 물에 목욕을 하면 몸이 향기로워진다고 하여 섣달 그믐밤에 목욕을 하고, 깨끗한 몸으로 설날 아침에 조상님께 차례를 올렸다.
당귀의 어린 싹을 승검초라 부르는데 할머니께서는 이른 봄 뒤뜰에 푸성귀가 가득할 때 승검초를 뜯어다가 쌈이나 장아찌, 장떡 등을 만들어 드셨다. 친정에 가면 어머니께서는 승검초가루를 넣은 단자를 만들어 주셨는데 맛은 조금 씁쓸하지만 떡 속의 앙금과 겉에 묻힌 고물이 있어서 금방 여러 개를 집어 먹고는 했다. 집에 가져가라며 남은 것을 싸주시면 사양하는 마음도 없이 넙죽 받아왔다.
그렇게 받아온 어머니의 승검초 사랑을 지금 내가 만들어 자녀에게 나누어 준다.

충청도 서산

박명자 선생댁

박명자

발효음식연구원 "두레반" 원장

- 2009 세계관광음식박람회 궁중음식(일상부문) 금상 수상
- 2010 세계관광음식박람회 궁중음식(의례부문) 문화체육관광부장관상 수상
- 2012 대한민국국제요리경연대회 전통주(전시부문) 문화체육관광부장관상 수상
- 2013 한국관광음식박람회 향토음식(시절) 농림축산식품부장관상 수상
- 2013 대한민국국제요리경연대회 전통주(라이브부문) 농림축산식품부장관상 수상

> 어릴 적엔 엄마가 새벽부터 밤까지 일하고 부스럭거리는 것이 싫었는데 지금 내 모습이 어느덧 엄마의 옛모습과 똑같다. 훗날 내 모습이 우리 딸의 눈에는 어찌 보이고 가슴엔 어떤 기억이 자리를 차지할까?

어릴 적 우리집 부엌엔 맷방석(짚방석) 피고 술을 만들었다…..

부잣집 막내딸이 벼쭉정이 마냥 삐쩍 말랐다고 동네 어르신들이 놀리곤 했었다. 먹을 건 다 먹고 표시 없이 치마가 돌아간다며 놀려대서 그 소리가 듣기 싫을 정도였다. 주전부리가 많지 않던 국민학교 때 우리집은 명절 때만 되면 떡이랑 엿이랑 과줄이 광과 다락에 가득하여 친구들이 부러워했었다. 나는 그때 인심을 후하게 쓰곤 했다.

음식은 물론, 떡, 한과, 술까지 못 하신게 없던 친정어머니는 나의 교과서이자 선생님이셨던 것을 이제야 깨닫게 되었다. 쌀이 귀하던 때에 술을 담그니 술조사(세무서)가 나와 온 집안을 뒤지고, 엄마는 감추고, 항아리를 깨고 하는 것이 종종 있는 일이었다. 항아리를 깨는 일은 술의 양을 측정하지 못하게 하기 위한 위장술이었던 것이다. 그래도 굴하지 않고 가마솥에 시루 앉혀 고두밥 찌어 식히고 부엌바닥에 맷방석 피고 누룩과 고두밥을 손으로 밀면서 비벼 술을 담곤 하였다.
대청마루 바닥을 열고 땅을 파서 술독을 묻어 술을 익히면, 공부한다던 아이는 마루 바닥에 코를 박고 감내를 찾아 킁킁거리며 코를 벌름거리곤 하였었다.. 술에 대한 추억이 강하게 남아 연구소 수업 중에서 전통주 과정을 제일 재미있게 마칠 수 있었고, 주향사 자격증까지 얻을 수 있었다. 가끔 술을 빚어 냉장고에 넣어두는데 "어머님의 술이 먹고 싶어요"라고 사위가 말하면 기분이 정말 좋다. 지금도 나의 술독엔 밥알이 동동 뜨더니만 이제 막 가라앉기 시작한다.

어릴 적엔 엄마가 새벽부터 밤까지 일하고 부스럭거리는 것이 싫었는데 지금 내 모습이 어느덧 엄마의 옛모습과 똑같다. 훗날 내 모습이 우리 딸(윤희)의 눈에는 어찌 보이고 가슴엔 어떤 기억이 자리를 차지할까?

시어머니의 손맛을 배우고 익히다.

25살에 시집을 와서 시어머니의 음식을 배우면서, 항상 3년 이상 간수를 뺀 소금으로 김치와 장을 담는 시어머니의 정성을 익히고, 옆에 쪼그리고 앉아 장 담그는 법을 배우는 데는 2~3년이 걸렸다. 그 후부터 음식에 관심을 보이면서 TV 음식프로그램을 자주 보게 되었고, 요리학원을 다니면서 여러 개의 자격증을 취득하게 되었다. 항상 배우면서 가르침을 겸하면서 지금까지 걸어오고 있지만, 밑거름은 시어머니의 손맛이었던 것 같고 우리 집안의 음식에 큰 영향을 끼치게 되었다.

폐백을 배우러 연구소에 가서 스승을 만나다.

요리강사 5년차 되던 해 1월에 폐백수강생으로 한국전통음식연구소를 찾았다. 우리 딸(지희)이 시집가게 되었는데, 요리하는 엄마가 시장서 파는 폐백음식을 사서 시집보내기는 자존심이 상하여 내 손으로 만들어보리라 남편과 함께 가서 등록을 마치고 돌아왔다.
폐백만 마치고 그만한다던 내가 큰딸까지 등록시켜 같이 배우고 (사) 한국전통음식연구소 윤숙자 교수님의 제자로 연구소의 일원이 되었다.
"멀찍이서 뵙기만 해도 옆에 계신 양 힘이 되어 주시고 항해 중인 배에 순풍을 달게 해주시는 스승님, 존경합니다.
스승님의 가르침을 또 다른 제자들을 위해 노력하면서 배우며 발효음식에 많은 관심과 사랑을 쏟아 붓겠습니다."

남편과 두 딸에게 감사를 드립니다.

"우선 외조를 많이 해준 남편한테 고마움을 표시합니다. 늦은 밤까지 운전해주고 외부강의에 협조하고 집안일에 신경쓰지 않도록 도와줘서 감사해요.
우리 두 딸들도 엄마를 이해해줘서 고마워~"

충청도 서산 박명자 선생댁

고사리꽃게탕

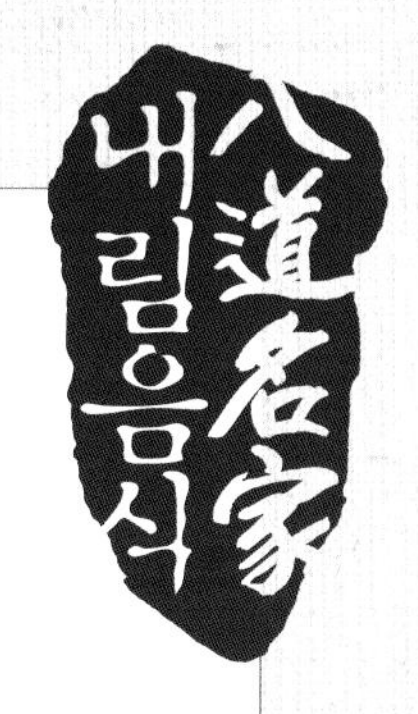

재료 및 분량

꽃게(중) 1kg, 삶은 고사리 400g, 두부 200g, 무 150g, 늙은호박 100g, 대파 1/2대, 청 · 홍고추 1개씩
양념 : 된장 2큰술, 다진마늘 1큰술, 생강즙 1큰술
고추장 1/2작은술, 고춧가루 1큰술

만드는 법

1. 꽃게는 솔로 문질러 씻어 물기를 빼고, 게딱지를 떼어놓고 몸통은 4등분 해 놓는다. 고사리는 물에 담갔다 건져 1/2의 길이로 자른다.
2. 두부, 무, 늙은호박은 가로 5cm, 세로 4cm, 두께 0.3cm 정도의 크기로 나박 썰고, 대파와 청 · 홍고추는 어슷 썬다.
3. 큰 냄비에 준비한 무를 깔고 물을 부어 센불에서 끓으면 고사리와 꽃게, 양념을 넣고 중불에서 20분 정도 끓인다.
4. 꽃게가 끓으면 준비한 늙은 호박과 두부를 넣고 10분 정도 더 끓인 후 대파와 청 · 홍고추를 넣는다.

Tip

- 봄철 사월 초파일 전후에 싱싱한 꽃게가 맛있다.
- 고사리는 묵은 것보다는 햇고사리를 삶아 우린 것이 맛이 좋다.
- 꽃게탕에는 된장과 생강즙이 들어가야 구수하고 게의 비린내가 덜하다.
- 늙은 호박이 없을 경우엔 단호박을 사용하나 늙은 호박보다 빨리 익기 때문에 거의 끓었을 때 넣어야 부서지지 않는다.

같은 충청도이지만 시어머니의 고향은 칠갑산 밑인 청양 산골이고 나의 고향은 서산 갯마을이라 꽃게탕을 만드는 재료가 다르다.
서산 꽃게탕은 냄비 밑에 무를 깔고 꽃게와 민물새우 그리고 늙은 호박을 큼지막하게 듬성듬성 썰어 넣고, 청양의 꽃게탕은 꽃게와 고사리가 풍성한 탕이다. 음력 3월 13일이 시어머니의 생신이라서 생신상에 봄 고사리를 꺾어다 삶아 냄비 밑에 가득 깔고 근처의 웅천시장서 살이 통통 여물고 장이 노랗게 박힌 암꽃게를 사다가 넣고 바글바글 바특하게 끓여 온가족이 밥상에 둘러앉아 맛있게 먹는 모습과 표정에서 "대접을 받았다"는 느낌을 읽게 되면 흐뭇하고 뿌듯하다. 시어머니께서 입버릇처럼 하시는 말씀이 사월 초파일 때가 꽃게가 알이 꽉 찰 때라 하셨다. 봄 고사리와 제철 꽃게에 된장 기운을 해서 끓이면 가족들의 얼굴에 미소가 가득하고 봄의 식탁이 풍성하고 여기에 자연산 두릅초회를 곁들이면 금상첨화이다.
이 음식은 봄철의 싱싱한 서해 꽃게와 칠갑산의 햇고사리가 어우러진 맛을 느끼는 청양지방의 토속음식이며, 시어머니의 레시피를 재해석하고 손맛을 이어받은 나만의 음식이다.

충청도 서산 박명자 선생댁

새뱅이탕

재료 및 분량

민물새우 2/3컵(100g), 무 1/4개(300g), 애호박 100g, 대파 1/2대, 청양고추 1개, 붉은고추 1/2개
느타리버섯 100g, 미나리 100g, 소금 1/2작은술, 채소물 5컵(1kg)
채소물 : 무 100g, 다시마 10cm, 물 6컵
양념장 : 고추장 1큰술, 고춧가루 $1\frac{1}{2}$큰술, 다진마늘 1/2큰술
생강즙 1작은술, 후추 · 소금 2.5g씩

만드는 법

❶ 민물새우는 흐르는 물에 여러 번 씻고, 마지막엔 소금물에 씻어 건져 물기를 뺀다.

❷ 무는 손질하여 가로 5cm, 세로 4cm, 두께 0.5cm 정도의 크기로 썰고, 애호박은 반달모양으로 썬다. 대파와 고추는 어슷 썬다.

❸ 느타리는 밑동을 잘라 가닥가닥 뜯어 놓고, 미나리는 5cm 정도의 길이로 썬다.

❹ 채소물용 무는 나박 썰고 다시마는 손질해서 물을 넣고 끓여 채소물을 만들어 체에 거른다.

❺ 냄비에 채소물과 무를 넣고 센 불에서 5분 정도 끓이다가 민물새우와 호박, 양념장을 넣고 중불로 낮추어 15분 정도 끓인 다음, 버섯과 대파, 청·홍고추를 넣고 소금으로 간을 하고 2분 정도 더 끓여 미나리를 얹어낸다.

Tip

- 민물새우를 넣고 끓일 때 지방마다, 식성에 따라 수제비를 넣고 끓여 먹기도 한다.
- 새뱅이는 무와 궁합이 잘 맞아 무 지짐이를 만들면 맛있다.
- 고추장을 많이 넣으면 텁텁하므로 고춧가루와 적절히 섞어 쓴다.
- 민물새우라서 흙냄새가 날수도 있으니 여러 번 씻는 것이 좋다.

둠벙이라는 단어를 아십니까?
논에 물을 대기 위한 논 웅덩이를 일컫는 충청도의 방언이다.
그곳에서 사는 작은 새우를 "새뱅이(일명 둠벙새우)"라 한다. 벼 베기를 앞두고 논에서 물을 빼게 되는데, 이때 낡은 체나 소쿠리를 물 빠지는 곳에 장치해두면 새뱅이가 잡힌다. 민물새우인 새뱅이는 보통 새우보다 작고 거무스레하다. 가을철 무만 넣고 끓여도 국물의 시원함과 구수한 맛이 아미노산을 함유하고 있어 맛이 향기롭다.
시어머니께 무를 넣고 끓여드리면 정말 맛있게 드시는 음식 중 하나이고, 나의 딸들도 어려서부터 먹고 자란지라 특히, 작은 딸아이는 새우만을 골라 먹을 정도로 새뱅이탕을 좋아한다. 얼마 전에 돌아가신 시어머님의 생각이 나서 마음이 짠해진다.

충청도 서산 박명자 선생댁

호박새앙지

재료 및 분량

늙은 호박 750g, 배추(1포기) 500g, 무 2/3개(300g), 소금 160g 쪽파 50g, 마늘 5톨
생강 2쪽, 고춧가루 1/2컵, 능쟁이젓 1/2컵
끓일때 : 쌀뜨물 2컵(400g), 된장 1/2작은술

만드는 법

1. 늙은 호박은 반으로 잘라서 씨를 깨끗이 긁어내고 껍질을 벗겨 가로 5cm, 세로 2cm, 두께 0.7cm 정도의 크기로 썰어 소금에 절인다.
2. 무와 배추도 호박과 같은 크기로 썰어 소금에 절인다.
   쪽파는 다듬어 씻어 4cm 길이로 썬다.
3. 절인 호박과 배추, 무를 씻어서 건져 물기를 빼고 고춧가루를 넣어 버무려 붉게 물들인 후 다진마늘·생강·쪽파와 찧은 능쟁이젓을 넣고 고루 버무린 다음 항아리에 넣고 돌로 눌러 익힌다.
4. 냄비에 잘 익은 호박지를 담고 쌀뜨물을 부어 약불에서 끓이다가 된장을 풀어 넣고 간을 맞춘다.

Tip

- 호박새앙지는 서산지방의 향토 음식으로 냄비나 뚝배기에 쌀뜨물을 넣고 젓국을 강하게 넣어 익혀 먹는 음식이다.
- 배추는 잘 자라지 않은 작은 포기로 담는다.
- 새앙지(게국지)는 오래두고 먹는 것보다 그때 그때 먹을 만큼만 담가서 끓여먹는 것이 좋다.
- 배추 절일 때 무청도 함께 쓰면 더욱 좋은 맛을 느낄 수 있다.

새앙지는 서산의 "게국지"로 사투리인데, 서산, 태안, 당진 등의 향토음식으로 말만 들어도 입안 가득히 침부터 고이고 꿀꺽 입맛이 다셔진다. 서산은 갯마을이라 해산물과 젓갈이 풍성하다. 이 김치는 김장철 출하하고 난 뒤 밭에서 시퍼렇게 딩구는 배추와 가을걷이 끝난 뒤 미처 뽑지 못한 고춧대에 시푸루뎅뎅한 고추와 서리 맞은 늙은 호박의 조합으로 마지막에 젓국으로 간하여 만든 김치다. 배추를 살짝 절여 씻고, 풍풍 절구에 찧은 고추와 달달한 호박은 듬성듬성 썰어 넣고, 젓국으로 간을 맞추어 버무려 항아리에 담아두고, 김장이 익기 전에 시급하게 먹는 김치다. 익으면 조직이 질겨지므로 쉬기 전에 먹는 김치다.
해산물의 시원한 국물과 배추의 개운한 맛과 뜨물의 구수한 맛의 호박새앙지는 쌀뜨물을 부어 냄비에 살짝 끓여 먹거나, 가마솥에 밥해먹던 옛날엔 밥이 끓을 때 밥솥 안에 호박새앙지 담은 그릇을 넣어 익혀 먹으면 그 맛은 그야말로 기가 막히게 맛있다.

충청도 서산 박명자 선생댁

장볶이

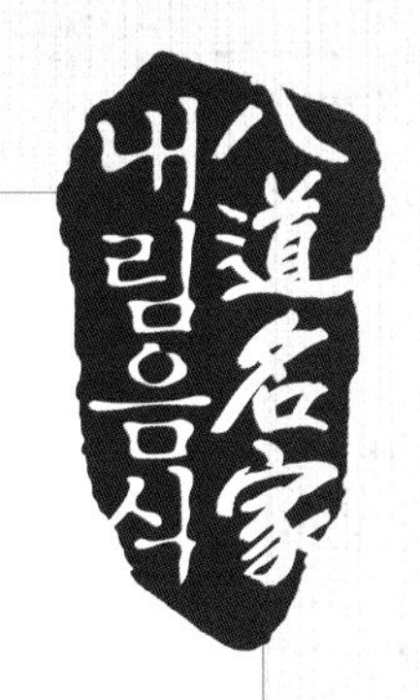

재료 및 분량

쇠고기(우둔 다진 것) 150g, 파 · 생강 다진 것 1큰술씩
고추장 3컵, 물 3컵, 참기름 3큰술, 꿀 1/2컵, 통깨 1큰술

만드는 법

1. 쇠고기는 면보로 핏물을 닦고, 파와 생강은 곱게 다져 놓는다.
2. 팬에 준비한 파와 생강을 넣고 약불에서 볶아 식힌다.
3. 고추장에 물을 넣고 잘 섞는다. 팬을 달구어 참기름과 고추장을 넣고 눋지 않게 잘 저으면서 15분 정도 볶는다.
4. 볶은 고추장에 쇠고기를 넣어 약불에서 15분 정도 볶다가 꿀과 참기름, 통깨를 넣는다.

Tip

- 쇠고기는 힘줄과 기름기를 떼어내고 곱게 다져 사용한다.
- 꿀을 처음부터 넣으면 잘 타므로 마지막에 넣고 한 번 더 졸인다.
- 센불에서 볶으면 타게 되므로 약불에서 은근히 볶아준다.
- 완전히 식힌 다음 소독한 병에 담아 냉장보관하면 한 달 정도는 두고 먹을 수 있다.

여름 캠핑 철이면 울엄마는 고추장볶이를 항상 하셨다. 이유는 오빠들이 천렵을 갈 때면 빠드리지 않는 밑반찬이었다.
용나레미의 계곡이나 다리 밑에 집 안의 큰 통들을 가져다 놓고, 간이 솥을 걸고 피래미 · 미꾸라지 · 붕어 · 송사리 등 잡어를 끓여 어탕이나 어죽용으로 고추장을 이용했는데, 장볶이는 탕용이나 쌈용으로 두루 이용하는 음식이었다.
엄마는 고추장 볶을 때 퍽~퍽~ 고추장이 튀어 데인다고 조심하라시며 주걱 사용하는 법을 가르쳐 주셨다. 나의 둘째 오빠는 엄마의 음식 솜씨를 유심히 눈여겨봐서인지 천렵이나 밤참에도 뛰어난 손맛을 발휘하곤 하였다.
오빠는 결혼 후에 밤참인 비빔국수에 장볶이를 활용하기도 하였다.
고조리서를 공부하면서 고서에 장볶이가 오래 전에 사용했었다는 것을 보고 조상님들의 지혜를 엿볼 수 있었다.

충청도 서산 박명자 선생댁 오이소박이(黃瓜淡菹法)

재료 및 분량

오이 10개, 고춧가루 15g, 마늘 74g
소금 120g, 물 5컵(1kg)

만드는 법

1. 오이는 꼭지를 떼고 소금으로 문질러 깨끗이 씻는다.
2. 오이는 3면에 길이로 칼집을 길게 넣어 고춧가루를 넣고 버무린 다음 마늘 4~5조각을 끼워 넣는다.
3. 항아리에 차곡차곡 넣은 다음, 돌을 얹어 눌러 놓고, 소금물을 펄펄 끓여 항아리에 붓는다.
4. 단단히 밀봉했다가 다음 날부터 먹는다.

Tip

- 오이는 씨가 많지 않은 애오이를 이용한다.
- 오이 칼집 사이로 마늘이 빠지지 않도록 잘 여물어준다.
- 소금물이 펄펄 끓을 때 부어야 오이가 무르지 않아 좋다.
- 돌로 눌러 놔야 떠오르지 않고 맛이 변하지 않는다.

여름별미 특히, 장마철엔 오이지와 오이소박이는 어느 집이나 마련하는 음식이다. 친정어머니도, 시어머니도 제철 조선오이를 따다가 항아리에 넣고 돌로 눌러 담고, 펄펄 끓는 소금물을 들이부었다가 누렇게 익으면 꺼내어 냉국이나 무침으로 먹었다.
우리집 뒷담에 있는 부추는 베어도 베어도 쑥쑥 자랐다. 마당의 작은 구멍에 부추를 넣고 빙빙 돌리면 땅강아지가 따라 나왔었다. 부추는 어릴 적 나의 입맛에 음식의 재료로서는 영 아니었지만, 나의 놀잇감으로는 최고였다. 지금은 오이소박이에 부추가 빠지면 맹맹하다.
좋은 오이는 시장에 내다 팔고 구부러지거나 늙어진 것을 부추 넣고 ……
홍고추 풍풍 찧어 소금과 버물버물 비벼서 담아 상에 올리면, 보리밥에는 물론 국수를 삶아 비벼 먹기도 하곤 했던 기억이 난다.

충청도 서산 박명자 선생댁

산가법(蒜茄法)

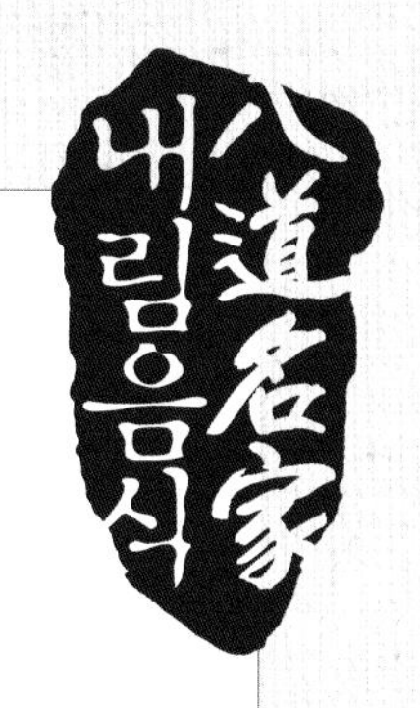

재료 및 분량

가지 15개, 물 1컵(200g), 식초 1컵(200g)
양념 : 소금 $1\frac{1}{2}$큰술, 다진마늘 1큰술

만드는 법

❶ 늦가을에 작은 가지를 따서 꼭지를 떼고 깨끗이 씻는다.

❷ 냄비에 식초와 물을 넣고 센불에 올려 끓으면 가지를 넣고 2분간 데쳐 건져서 채반에 꾸덕꾸덕하게 말린다.

❸ 가지에 다진 마늘과 소금을 고루 섞어 간을 한다.

❹ 단지나 사기항아리에 준비한 가지를 담고 떠오르지 않도록 돌로 누른다.

❺ 담근지 15일 정도 지나면 먹는다.

Tip

- 가지는 첫서리를 맞으면 단맛이 나고 수분이 적고 단단하다.
- 가지를 오래 데치면 색이 검어진다.
- 추석이 지나고 찬바람이 나면 어리고 연한 가지를 길이로 썰어 물에 씻지 않고 햇볕에 말린다.
- 가지를 간장에 졸이는 장가법도 있다.

가지라 하면 가지나물과 가지냉국 그리고 볶음이 전부인 줄만 알았는데 작년 여름 아는 지인이 가지를 따러 오라하여 욕심껏 따오니 순간 어찌 처리할까 망설이다가 가지장아찌를 담그기로 하였다.
덕분에 우리집 여름반찬으로 한 몫을 했고, 여럿이 나누는 정도 느낄 수 있었고, 나에게 도전 의식을 심어 준 재료이기도 했다.
나중에 고조리서를 공부하다 보니, 수운잡방에 "모점이법"도 가지를 이용한 밑반찬이 있다는 것도, 증보산림경제를 배우고 "산가법", "장가법"이 있다는 것도 알게 되어 조상님들의 지혜를 엿볼 수 있었다.
요즈음은 컬러 푸드로 안토시안이 풍부한 식재료로 각광을 받지만, 나의 어릴 적 간식인 가을 가지는 조그마하며, 수분이 없고 달달하고 아린 맛이 내 기억 저편에 아직도 자리 잡고 있는 채소이다.

충청도 서산 박명자 선생댁

생황장(生黃醬法)

재료 및 분량

메주콩(흰콩) 700g, 콩 삶는 물 : 1kg, 메밀 200g, 지푸라기 약간, 말린 옥수수껍데기 적당량
소금물 : 소금 90g, 물 3컵(600g)

만드는 법

1. 삼복중에 메주콩을 깨끗이 씻어 일어서 12시간 정도 물에 불린 다음 솥에 넣고 3시간 정도 푹 삶아 채반에 펼쳐서 식힌다.
2. 메밀을 분쇄기에 곱게 갈아 가루를 낸다.
3. 삶은 콩에 메밀가루를 넣고 골고루 섞은 다음, 돗자리 위에 지푸라기를 깔고 면보를 펴서 준비한 콩을 얹어 발효시킨다.
4. 3일이 지나 콩이 발효되었으면 돗자리에 널어 햇볕에 말려 알메주를 만든다.
5. 말린 알메주를 항아리에 꼭꼭 눌러 담고 끓여 식힌 소금물을 항아리에 붓고 햇볕을 많이 쬐면서 40일간 발효시킨다.

Tip

- 콩을 잘 선별하여 콩의 3배의 물에 불려준다.
- 콩을 삶을 때 솥뚜껑 위에 젖은 행주를 자주 올려 콩물이 넘치지 않도록 한다.
- 볏집이 없는 여름철엔 옥수수 잎을 말려 사용하기도 한다.
- 삼복중이므로 장맛이 들면 냉장보관 해야 변질이 없다.

콩을 삶아 띄울 때 메밀가루를 섞어 이틀을 잘 띄우면 끈적끈적한 실이 나오면서 향이 구수하며, 눈이 즐거울 정도로 재미를 느끼게 하는 여름장인 생황장의 매력에 빠지게 되었다.
맛은 항아리 속에 말린 알메주를 넣고 소금물을 붓고 2일 정도 지나면 맛과 향이 구수한 장이 탄생하기 시작한다.
동짓달에 메주 만들어 띄우고 숙성하여 정월에 장을 담가 두달 후에 장 갈라 숙성시키는 몇 달 과정을 삼복에 일주일을 혼신을 다해 만드는 장이 생황장이다.
익어갈 때엔 자꾸 항아리 속에 코를 킁킁거리며 벌름거린다.
하지만, 불볕 더위여야 한다는 까다로운 조건을 가지고 있다.
그래야만, 콩알이 떼글 떼글 잘 마를 수 있기 때문이다.
우리 손녀를 다루는 정도의 정성을 들여야만 맛있는 장을 맛볼 수 있다.

충청도 서산 박명자 선생댁

수시장(水豉醬法)

재료 및 분량

메주콩 700g, 콩 삶는 물(1kg)
소금 50g
짚, 옥수수껍질

만드는 법

1. 콩은 벌레 먹은 것을 고르고 깨끗이 씻어서 물기를 뺀다. 두꺼운 팬에 콩을 담고 약불에서 40분 정도 볶아 체에 문질러 까불어서 껍질을 벗긴다.
2. 솥에 콩이 잠길 만큼 물을 부어 푹 삶은 다음 콩을 체에 거르고 삶은 물은 깨끗한 항아리에 담는다.
3. 바구니에 짚을 깔고 면보를 펴서 콩을 앉힌 후 옥수수 껍질을 얹고, 수건으로 겹겹이 싸서 40℃의 전기장판에 놓고 2일간 발효시킨다.
4. 발효된 콩은 점액질(실)이 생기고 콤콤한 냄새가 난다. 다시 솥에 콩을 담고 항아리에 두었던 콩물을 붓고 푹 삶아서 소금 간을 한다.
5. 식혀서 항아리에 담아 7일 정도 보관했다가 꺼내 먹는다.

Tip

- 콩은 약불에서 은근히 볶아야 타지 않고 고소하다.
- 물은 콩 양의 2배 정도 붓고 푹 무르도록 삶는다.
- 발효제로는 짚불, 옥수수껍질, 도꾸마리잎 등을 사용하면 효과적이다.
- 콩 삶았던 물은 냉장보관하였다가 사용한다.

33년 전 시집와서 장독대에 올라 항아리 뚜껑을 열고 장을 푸는 순간!
깜짝 놀라 뒷걸음친 적이 있었다.
다름 아닌, 된장 속에 정체모를 덩어리가 날 놀라게 했던 것이다.
한걸음에 내려와 어머니께 여쭈어보니 쇠고기 기름 덩어리라 하셨다.
그래서 그런지 된장찌개를 끓이면 항상 뚝배기가 바닥이 보일 때가 많았다.
두부, 호박, 감자와 풋고추, 파를 넣었을 뿐인데 콩의 단맛과 구수하고 감칠맛이 입안에 돌았었다.
대가족이라 된장을 많이 담아 몇 년씩 묵힌 뒤에 먹었으니 기름이 된장 속에서 녹아들어 맛난 된장이 되었던 것이다.
시어머니께 된장찌개를 끓여 떠드리면 첫술을 입안에 넣으시고 "된장 참 만나다" 하시면서 드시곤 하셨는데, 이젠 더 이상 드실 수 없는 세상에 가셨으니… 누가 내 장맛을 칭찬해 줄까? 어머니의 장수비결은 장맛에 있지 않았을까? 하는 생각도 해본다.

충청도 서산 박명자 선생댁

방풍장아찌

재료 및 분량

방풍잎 1kg

채소물 : 무 50g, 다시마 10cm, 마른표고 3장, 물 2컵(400g)

달임장 : 채소물 1컵(200g), 간장 1$\frac{1}{2}$컵(300g), 집간장 $\frac{1}{2}$컵(100g), 설탕 1컵(200g)
매실액 1컵(200g), 식초 1컵(200g), 소주 1컵(200g)

만드는 법

1. 방풍잎은 모래와 잡티를 골라 내고 깨끗이 씻어 물기를 뺀다.
2. 채소물은 중불에서 20분간 끓여 받친다.
3. 채소물에 간장, 집간장, 설탕을 넣고 센불에 올려 끓으면 중불로 낮추어 10분 정도 끓이다가 매실, 식초, 소주를 넣고 다시 2분 정도 끓여 식힌다.
4. 소독한 용기(항아리)에 방풍을 넣고 떠오르지 않도록 돌로 누르고, 준비한 식힌 달임장을 붓는다.
5. 3~5일 후에 국물만 따라서 끓여 식힌 후 다시 붓는다.

Tip

- 삼겹살 등 고기를 먹을 때 곁들이면 느끼하지 않아서 좋다.
- 방풍잎이 크고 질긴 것은 끓는 물에 튀했다 물기를 빼고 사용한다.
- 많은 양이나 오래 보관하려면 조금씩 비닐팩에 넣어 밀폐용기에 담아 냉장보관한다.
- 방풍의 원래명은 "갯기름나물"로 바닷가 해안에서 바람을 견뎌내는 나물로 "방풍"이라 한다.

파란 잎에 빨간 줄기를 가진 앙증스런 방풍을 보고 반한 나는 해마다 5월이 되면 찾아 나선다.
우연히 들른 울진의 방풍은 그야말로 해풍을 맞고 자란 놈이라 키도 작고, 줄기에는 5가지 색을 가진 자연산이다.
올해도 그 방풍을 구하기 위해 울진의 파랑새 민박 주인장에게 부탁해서 택배를 받았다. 파랑새는 사람들에게 행운을 준다는데, 김민자 파랑새 주인장은 나에게 행운을 가져다주는 사람 중 한 분이다.
방풍장아찌는 나의 단골 장아찌 중 하나이다.
모임이나 행사에 여럿이 먹는 식사 때 밑반찬으로 등장하는 메뉴이기도 하다. 해마다 5월이 되면 나는 방풍을 보고 싶어할 것이다

충청도 서산 박명자 선생댁

어리굴젓

재료 및 분량

굴(자연산) 1kg, **굴 씻을 소금물** : 물 1kg, 소금 2큰술
소금 80g(절임용)
찹쌀 풀 : 물 1/2컵(100g), 찹쌀가루 1큰술
어리굴젓양념 : 고운고춧가루 8큰술, 찹쌀풀 1/2컵

만드는 법

1. 굴은 옅은 소금물에 씻어 굴껍질과 이물질을 골라내고 물기를 빼놓는다.
2. 물이 빠지면 분량의 소금을 넣어 잘 섞은 뒤 2주일 정도 시원한 곳에 두고 삭힌 다음 체에 받혀 굴과 굴 삭힌 소금물을 분리한다.
3. 찹쌀가루에 물을 넣고 잘 풀어서 찹쌀풀을 쑤어 식혀 준다.
4. 삭힌 소금물에 고춧가루와 찹쌀풀을 넣어 골고루 섞고 굴을 넣어 다시 한번 잘 섞은 다음 사기 항아리에 담아 1주일 정도 다시 숙성시킨다.

Tip

- 겨울철의 자연산인 강굴이 더 맛있다.
- 고춧가루로 양념하여 얼얼하다해서, 어리어리라는 표현을 거쳐 어리굴젓이 되었다.
- 굴은 처음부터 끝까지 옅은 소금물에 씻어 물기를 빼고 절인다.
- 어리굴젓은 제철에 담아 냉동보관 하였다가 먹고 싶을 때 꺼내서 먹는다.

어리굴젓은 고춧가루로 양념하여 버무렸다 하여 "얼얼하다", "얼큰하다"에서 유래하여 어리굴젓이라 하는데, 우리 형제들은 어려서부터 밥도둑인 어리굴젓이라면 진수성찬을 부러워하지 않을 정도로 최고 성찬으로 좋아했다.

친정어머니의 고향이 간월도 옆 창리 포구라서 자연스럽게 접한 음식이자 내 고향 서산의 명물 "어리굴젓"이다.

지금도 남편과 함께, 가족과 함께 부모님의 산소를 가거나 태안반도로 여행을 갈 때는 간월도에 들러 굴밥과 곁들여 나오는 어리굴젓을 먹곤 한다. 시어머니 살아생전에 골절사고로 수술, 와병중이실 때 몸과 맘이 심란하여 친정 부모님 산소에 들러서 절하고는 간월도에 들러서 어리굴젓과 굴밥, 그리고 청국장으로 점심을 만나게 먹고 돌아온 기억이 있다.

경상도
오인숙 선생댁

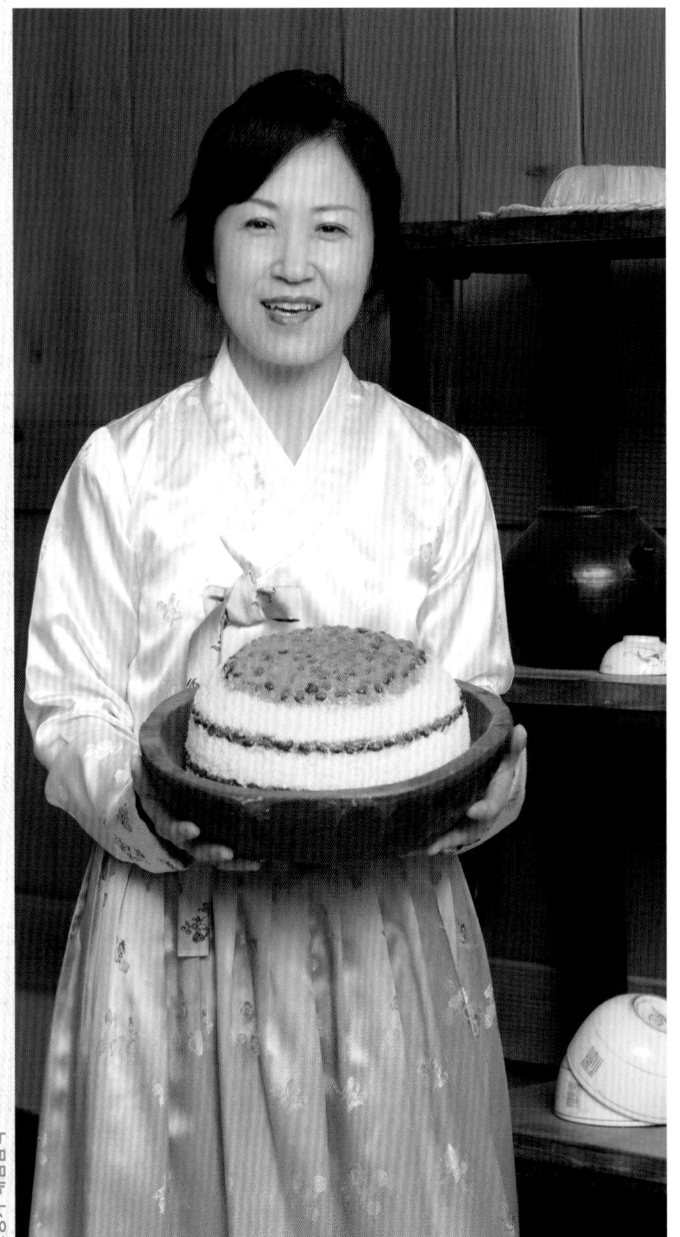

오인숙

한국전통음식연구원 원장

- 2008 서울국제음식박람회 시절음식부문 금상 수상
- 2009 "2009 영국템즈 페스티벌" 한국음식 전시
- 2010 제천 한방요리경연대회 지도 금상 수상
- 2010 전주 비빔밥 축제 요리경연대회 지도 은상 수상
- 2011 한국국제요리경연대회 향토음식 금상 수상
- 2012 한국음식관광박람회 국무총리상 수상
- 2013 수원과학대학교 한국음식 강의
- 조리기능장

24절기를 담은 친정어머니의 밥상

우리집 밥상은 사시사철이 느껴지는 자연 달력이나 다름없었다.

전형적인 경상도 여자였던 친정엄마는 시원시원했던 성격만큼이나 무슨 일이든지 빠른 손놀림으로 잘했다. 아버님의 술친구들이 한밤중에 놀러 오시더라도 찡그리는 내색 한번 없이 평범하지만 특별한 맛이 나는 음식으로 만들어오셨다. 내가 태어나기 전에 하셨다던 부산의 식당도 지역에서 소문이 날 정도로 음식 맛이 좋아 요리 비결을 물어보는 사람도 많았다고 한다. 소금과 간장, 젓갈로 간을 하고 조물조물 무치는 게 다였는데, 이상하게도 어머니의 손맛은 뭔가 달랐다.

친정어머니의 손맛

어머니는 남들처럼 커다란 냉장고에 김치를 가득 담아두는 일은 하지 않았다. 음식이란 자고로 제철 맛이라고, 오래 보관된 음식은 맛과 향이 떨어질 것이기 때문이었다. 사시사철 풍요로운 계절 탓에 우리음식은 사실 손이 모자랄 만큼 다양하다. 자신이 먹기보다는 누군가를 위해서 공들여 하는 음식은 욕심이 아닌 애정으로 하는 것이기에 어머니가 해주시던 우리음식에 대한 신뢰가 깊어질 수밖에 없다. 열무김치, 콩잎김치, 갓김치, 고들빼기김치 등 사계절을 그대로 밥상 위에 올려 가족의 행복을 지키고자 하셨던 어머니 손은 지금의 내 손처럼 손톱 밑에서 반찬냄새가 가시지 않았다. 굳이 음식의 영양과 칼로리 같은 복잡한 계산을 하지 않아도 어머니 손은 그 어떤 과학적 수치보다 정확해서 무슨 음식을 밥상 위에 올려놓아도 맛과 모양, 균형과 조화가 딱딱 맞았다. 그래서 어머니 음식이 그토록 입에 착착 감기도록 맛있었던 것인지도 모른다.

그런 어머니의 손맛을 물려받은 것은 내 인생의 축복이라고 할 수 있다. 능력은 타고나기도 하지만 환경의 습성으로 길들여지는 경우가 더 크다. 나도 어느새 친정어머니의 밥상을 그대로 물려받은 듯 우리음식에 대한 예찬을 늘어놓을 수 있게 되었다.

친정어머니가 그랬듯 나 역시 양념은 최소한으로 원재료는

굳이 음식의 영양과 칼로리 같은 복잡한 계산을 하지 않아도 어머니 손은 그 어떤 과학적 수치보다 정확해서 무슨 음식을 밥상 위에 올려놓아도 맛과 모양, 균형과 조화가 딱딱 맞았다. 그래서 어머니 음식이 그토록 입에 착착 감기도록 맛있었던 것인지도 모른다.

최고로 좋은 것을 고르라던 어머니의 말씀을 따르며 음식을 한다. 어머니 밥상에서 맛본 명이 나물의 향긋함을, 가을 무로 만든 시원하고 아삭한 생채의 맛을 잘 알기 때문에 나 또한 먼 시골장터에까지 가서 좋은 재료를 사오게 되는지도 모른다. 손맛보다는 원재료의 맛을 살리는 조리법을 찾느라 밤을 지새우는 때가 많지만, 내가 만든 음식을 맛본 이들이 "훌륭하다", "최고야!"라며 격려의 말을 건낼 때면 지난밤의 피로가 눈 녹듯이 풀린다. 자연과 음식이 서로 순응해야만 하나가 된다는 진리를 깨달으셨던 어머니처럼 나도 이제야 음식에 담긴 속뜻을 이해하고 자연의 축복을 알고 나니 우리음식에 대한 경외감이 더 커지고 두려워진다.

늦은 나이에 음식 공부를 시작하면서 어려움도 많았다. (사)한국전통음식연구소 윤숙자 교수님이 계셔서 음식의 기본을 다지고 전통음식을 연구하는 사람으로서 누구보다도 더 크게 나의 열정을 펼쳐 보일 수 있었다. 깊은 강은 소리를 내지 않는다고 한다. 오늘도 배운다는 겸손한 마음가짐으로 우리음식에 문화와 전통을 담아내는 명인이 되고자 한다. 앞으로 우리의 오랜 역사와 문화가 세계 속에서도 빛을 발할 수 있도록 사명감을 가지고 내림음식의 전통을 이어나가겠다.

경상도 오인숙 선생댁

육면(肉麵)

재료 및 분량

쇠고기 300g, **향채 :** 대파 30g, 마늘 20g, 밀가루 2큰술
육수 : 물 4컵, 멸치 20g, 된장 3큰술

만드는 법

1. 기름기가 없는 부위의 쇠고기는 핏물을 닦는다.
2. 냄비에 물과 향채를 넣고 끓으면 쇠고기를 넣어 반 정도 익힌 다음, 가늘게 채를 썬다.
3. 냄비에 물과 멸치, 된장을 넣고 센불에 올려 끓으면 중불로 낮추어 10분 정도 더 끓이다가 체에 거른다.
4. 쇠고기에 밀가루를 입혀 된장육수에 넣고 끓인다.

Tip

- 고기를 썰 때 결대로 썰면 끓일 때 부서지지 않고 결 반대로 썰면 고기가 질기지 않고 부드럽다.
- 쇠고기를 익힌 국물을 육수로 사용해도 좋다.
- 쇠고기에 묻은 밀가루를 털어서 끓여야 국물이 걸쭉하지 않다.
- 재래된장을 오래 끓이면 맛이 있고, 개량된장을 오래 끓이면 맛을 잃는다.

오랜 전통을 이어온 맛 육면

육면은 요즘 좀처럼 보기 드문 요리이다. 향채를 넣고 익힌 쇠고기를 가늘게 썰어 밀가루를 입힌 후, 된장육수에 넣어 팔팔 끓여 국수를 먹듯 고기를 먹는 음식이다. 구수하면서도 담백한 맛이 일품인 육면은 요즘 사람들에게 다소 생경스러운 맛일 것이다.

육면은 조선시대 고요리서 수운잡방(需雲雜方)에 나올만큼 역사가 오래된 음식이다. 외할머니는 호랑이 같은 시어머니께 매운 시집살이를 하며 이 요리를 배웠다고 한다. 칼질의 모양새와 손맛을 며느리들의 중요한 덕목이라고 생각했던 시절이었으니 시집살이는 새벽부터 늦은 밤까지 끝이 없었다고 한다. 고된 몸을 뉘일 틈 없이 새벽 상을 걱정하던 우리의 어머니가 있었기에 육면과 같은 음식이 오랜 전통을 이어가고 있는 것이다.

경상도 오인숙 선생댁

태평추

재료 및 분량

메밀묵 400g, 돼지고기 300g
돼지고기 양념 : 간장 1큰술, 고춧가루 1큰술, 다진파 1큰술, 다진마늘 1작은술, 참기름 1작은술, 소금 1/2작은술
묵은김치 300g, 대파 1뿌리, 깻잎 10장
김 2장, 참기름 1큰술
육수 : 물 5컵, 멸치 20g, 다시마 가로 · 세로 10cm(끓여서 4컵 준비)

만드는 법

1. 메밀묵은 가로 2cm, 세로 5cm, 두께 1cm 크기로 썰고 돼지고기는 0.5cm 두께에 양념에 재운다.
2. 육수를 준비하고, 대파는 어슷 썰고, 김은 구워 채 썰어 놓는다.
3. 김치는 양념을 털어내고 꼭 짜서 송송 썰고 깻잎은 흐르는 물에 깨끗이 씻어 채 썬다.
4. 참기름을 두른 냄비에 돼지고기와 김치를 함께 볶다가 육수를 부어 끓인다.
5. 묵을 돌려 담아 넣고 묵이 데워질 때까지만 끓이다가 대파를 넣고 국간장으로 간을 맞춘 후 김을 올린다.

Tip

- 메밀묵을 쓸때 농도를 잘 맞추어야 한다.
- 메밀묵을 일찍 넣어 끓이면 묵이 깨지므로 음식이 거의 완성됐을 때에 넣고 끓인다.
- 육수를 만들 때 멸치를 마른 팬에 살짝 볶아서 사용하면 비린 맛이 없다.
- 묵은 김치를 넣으면 깊은 맛이 난다.

겨울철 별미 태평추

어머니가 해주던 음식에는 할머니의 손맛이 들어 있다. 어머니는 날씨가 쌀쌀해지면 어김없이 돼지고기에 김치, 메밀묵을 냄비에 넣고 즉석에서 보글보글 끓여 아버지의 상에 올리셨다. 부드러운 메밀묵과 채소가 한데 어우러져 칼칼하고 개운한 국물 맛을 내는 전골은 우리에게 좋은 밥반찬이자, 아버지에게는 더없이 좋은 술안주였다. 다 같이 가난했던 시절, 멸치 육수에 김치와 메밀묵만 넣어 끓여도 바닥을 보이게 맛있게 먹었지만 고기라도 몇 점 넣어 끓이는 날이면 식구들은 수저 들기에 바빠졌다. 그 날 아버지는 엄마를 중전마마로, 우리를 공주마마로 부르며 기분 좋게 태평추와 한잔하셨던 기억이 아직도 선하다. 박식하셨던 아버지는 태평추가 궁중음식인 탕평채가 서민들에게 전해져 소박하게 변형된 음식이라고 하셨다.

경상도 오인숙 선생댁

유곽

재료 및 분량

대합(中) 3개, 청주 1큰술, 조갯살 1컵, 다진쇠고기 50g, 미나리 30g, 깻잎 10장
청고추 2개, 홍고추 1개, 양파 1/2개
양념장 : 된장 2큰술, 고추장 1큰술, 고춧가루 1큰술, 다진파 1큰술, 다진마늘 1/2큰술
참기름 1큰술, 설탕 1/2큰술

만드는 법

1. 대합은 해감시킨 후 살을 꺼내 청주를 뿌리고 5분 정도 찐 다음 다지고, 조갯살은 물기가 없도록 볶아 굵게 다지고, 쇠고기는 핏물을 뺀다.
2. 미나리와 깻잎, 청 · 홍고추는 깨끗이 손질하여 다져 놓는다.
3. 쇠고기에 양념장을 넣어 무친 다음 팬에 볶다가 고기가 익으면 다진 대합과 조갯살과 분량의 물을 넣고 되직하게 볶아지면 준비한 채소를 넣는다.
4. 대합의 껍질 속에 볶아놓은 대합살을 담는다.

Tip

- 조갯살은 내장을 제거한 후 소금물에 씻어 사용하면 모래가 제거된다.
- 대합은 1시간 정도 해감 후에 사용한다.
- 잘게 다진 야채는 대합과 조갯살이 거의 볶아지면 마지막에 넣는다.
- 쌈장으로 먹거나 비빔밥에 넣어 먹기도 한다.

궁중음식에서 유래된 향토음식

경상도에서 고기라 하면 바닷고기를 말한다. 그 정도로 남해와 동해에 풍부한 어장이 발달해 각종 해산물을 이용한 음식들이 많다. 유곽은 풍부한 해산물을 이용한 경상도의 대표적 향토음식으로 대합과 조갯살이 고기, 양파, 풋고추, 깻잎과 어우러져 고추장, 된장의 양념으로 완성되는 음식이다. 소담스러워 보이지만 맛은 입 안에서 사치를 뽐내는… 열 반찬이 안 부러울 정도이다. 내게 열 손가락 안에 꼽는 음식을 말하라면 당연 유곽을 이야기한다. 겨울에 양념 없는 시원한 백김치와 대합과 쇠고기를 곱게 다져 된장양념에 지글지글 볶아 만든 유곽… 뜨거운 밥에 얹어 먹는다면 세상에 이만한 보약이 어디 또 있을까? 이 세상의 모든 어머니는 가장 아름다운 마음으로 음식을 만들어 자식의 식탁에 놓아 주신다. 나의 어머니가 그런 분이어서 더욱 그립다.

경상도 오인숙 선생댁

땅콩두부

재료 및 분량

흰콩 300g, 생땅콩 100g 물 1.2kg, 간수 100g
네모난 상자(물이 빠지는 상자), 베주머니, 면보자기

만드는 법

1. 흰콩과 생땅콩은 썩은 것과 벌레 먹은 것을 골라내고 흰콩은 물에 담구어 10~12시간 정도 충분히 불린다.
2. 불린 콩과 생땅콩을 믹서기에 물과 함께 넣고 갈아 냄비에 넣고 비린내가 나지 않을 정도로 끓인다.
3. 끓인 콩물은 따뜻할 때 베주머니에 넣어 짜서 콩물과 비지를 나누고 콩물은 다시 냄비에 부어 끓기 전까지 데우다가 간수를 천천히 부어 콩물이 엉키게 한다.
4. 수분이 빠질 수 있는 네모상자에 베보자기를 깔고 엉킨 콩물을 붓고 베보자기를 덮은 다음 위에 무거운 것을 얹어 모양을 만든다. 두부의 모양이 잡히면 적당한 크기로 썬다.

Tip

- 간수를 천천히 부어야 두부가 부드럽다.
- 간수를 넣을 때 콩물의 온도는 70~80°C가 적당하다.
- 분류한 비지를 여러번 걸러주면 진하고 많은 양의 콩물이 나온다.
- 두부는 우유보다 칼슘이 많은 알칼리성 식품이다.

외할머니의 손맛을 물려받다

친정엄마는 중요한 시험을 앞두고 있는 날이면 땅콩으로 두부를 만들어 도시락을 싸주셨다. 땅콩을 많이 먹으면 머리가 좋아진다며 흰콩과 땅콩을 섞어 부드러우면서도 고소한 두부를 만드셨는데, 덕분에 좋아진 것은 시험점수보다 나의 인기였다.

친정엄마는 외할머니께 땅콩두부 만드는 법을 배우셨다고 한다. 땅콩은 단백질이 주성분인 일반 콩에 비해 지방이 많아 응고시키기가 어려운데, 외할머니는 수없이 땅콩두부를 만들며 몸으로 터득한 그 손맛을 친정엄마에게 물려주셨다. 맷돌을 마주 잡고 돌리며 고소하게 피어올랐을 이야기, 외할머니는 엄마에게 땅콩두부 만드는 비법만 가르치신 게 아니라 살림의 지혜까지 고스란히 물려주신 것 같다.

경상도 오인숙 선생댁

콩잎김치

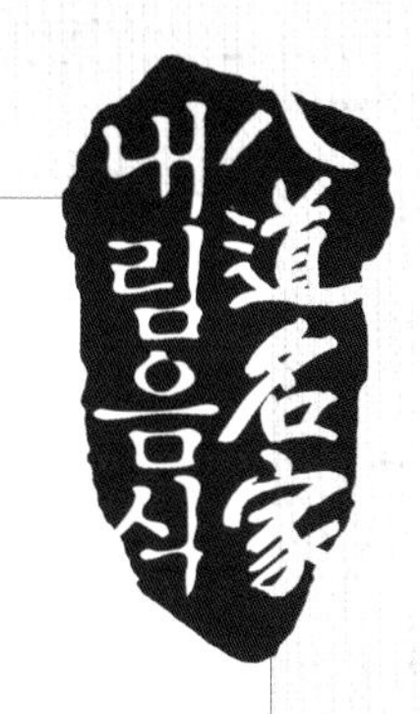

재료 및 분량

콩잎 1kg
소금물 : 물 10컵, 소금 1컵
찹쌀풀국 : 1/2컵(물 1/2컵, 찹쌀가루 1큰술)
김치양념 : 고춧가루 1컵(80g), 배즙 1/2컵, 다진마늘 2큰술
다진생강 1작은술, 갈치젓국 100g, 설탕 1큰술, 소금 약간

만드는 법

1. 누런 콩잎은 흐르는 물에 깨끗이 씻은 다음 여러 장씩 묶어 연한 소금물을 붓고 무거운 것을 눌러 1주일 정도 삭힌다.
2. 삭힌 콩잎은 끓는 물에 삶은 후 흐르는 물에 깨끗이 씻어 물기를 뺀다.
3. 찹쌀풀국에 김치양념을 넣고 잘 섞는다.
4. 물기를 거둔 콩잎에 양념장을 한 장씩 고루 바른다.

Tip

- 콩잎을 삭힐 때 떠오르지 않게 돌로 눌러준다.
- 콩잎은 달임장에 삭힌 후 된장이나 고추장에 박아 두기도 한다.
- 삭힌 콩잎을 물에 여러번 우려낸 후 쌈으로 먹으면 별미이다.
- 연한 어린잎이 질기지 않아서 좋다.

그 시절의 밥상을 추억하며

어릴 때는 그 맛을 모르다가 커서 그리워지는 음식이 있기 마련이다. 내 경우는 콩잎김치가 바로 그런 음식이다. 경상도가 고향이셨던 친정엄마는 서울에 살면서도 고향음식이 그립다며 콩잎김치를 담가 드셨는데, 어린시절 나는 젓갈 맛이 강한 콩잎김치를 좋아하지 않았다. 그러나 더위가 유난스러웠던 어느 해 친정엄마가 되직하게 끓인 강된장과 콩잎물김치를 내왔는데, 그 단출한 상차림은 평생 내게 잊을 수 없는 밥상이 되고 말았다. 고춧가루 없이 젓갈과 풀국으로 담은 콩잎물김치의 국물 맛은 더위로 깔깔해진 입맛을 되돌려 놓기 충분했다. 강된장에 비빈 밥을 물김치에 싸서 얼마나 맛있게 먹었던지……. 그때를 떠올리면 콩잎물김치의 풋내음이 아직도 입안 가득 퍼지는 것 같다. 그 맛이 그리워 요즘도 종종 콩잎김치를 담근다. 하지만, 엄마의 손맛이 살아있던 그 맛은 다시 되돌릴 수 없어 아쉬울 뿐이다.

경상도 오인숙 선생댁

천리장(千里醬法)

재료 및 분량

쇠고기(홍두께살) 1kg, 물 3kg(15컵)
향채 : 파 30g, 마늘 30g, 통후추 5g
달임장 : 진간장 1.8L, 배즙 2컵, 청주 1컵, 사과 2개, 다시마 1조각

만드는 법

❶ 쇠고기는 30분 정도 물에 담가 핏물을 빼고 향채는 손질하여 깨끗이 씻고 사과는 껍질채 얇게 썰고 배는 갈아서 즙만 준비한다.

❷ 달임장 양념을 넣고 약불에서 반으로 줄어들 때까지 졸이다가 마지막에 다시마를 넣고 불을 끄고 1시간 지나며 체에 거른다.

❸ 쇠고기는 기름기를 제거하고 끓는 물에 넣어 삶다가 고기가 익으면 향채를 넣고 중불에서 1시간 정도 더 삶은 다음, 얇게 썰어 햇볕에 말려 가루로 만든다.

❹ 말린 쇠고기가루를 졸인 간장에 넣고 약불에서 진한 죽처럼 졸인다.

Tip

- 고기는 핏물을 제거하면 누린내가 나지 않는다.
- 간장을 달일 때 타거나 끓어 넘치지 않도록 주의한다.
- 고기가 익은 후에 향채를 넣어야 누린내를 없애는 효과가 뛰어나다.
- 홍두께살은 지방 부위가 적고 젤라틴이 풍부하다.

장조림의 기원 천리장

어린시절 우리집 찬장에는 사기 단지가 몇 개씩 놓여 있었는데, 그 안에는 손님이나 아버지 밥상에만 올라가는 정성스런 반찬이 들어 있었다. 대부분 한두 젓가락이면 밥 한 그릇을 다 먹을 수 있을 정도로 간이 센 반찬들이었다. 천리장은 짜지만 달짝지근한 고기 맛이 나서 유난히도 계속 밥맛을 당기게 하는 반찬이었다. 그래서 엄마가 안 계신 날이면 몰래 부엌에 들어가 천리장과 밥을 먹었었다.

천리장은 고기를 간장과 꿀을 넣고 졸여 만든 음식이다. 천 리길을 들고 가도 상하지 않을 만큼 오래 보관할 수 있다 하여 생긴 이름으로 장조림의 기원이기도 하다. 냉장고가 들어오고 간이 센 반찬들이 기피의 대상이 되면서 천리장은 간이 심심한 장조림으로 바뀌게 되었지만, 밥 한 그릇을 뚝딱 비우게 하는 밥상 위의 인기메뉴인 것은 예나 지금도 여전하다.

경상도 오인숙 선생댁

명이장아찌

재료 및 분량

명이잎(산마늘) 1kg
양념물 : 간장 · 물 각 2컵씩, 설탕 · 식초 각 1컵씩
향채 : 대파 2뿌리, 고추 5개

만드는 법

1. 산마늘 잎은 하나씩 떼어 아래 부분의 겉껍질을 벗기고 흙을 털어 낸 후 깨끗이 씻어 체에 담아 물기를 없앤다.
2. 분량의 양념에 향채를 넣고 끓인 다음 향채는 건져낸다.
3. 깨끗이 손질한 명이잎은 항아리에 담고 돌로 눌러 놓는다.
4. 양념장이 한 김 나가 뜨거울 때 항아리에 붓는다.
5. 하루나 이틀 후 항아리의 간장물을 따라 내어 다시 한 번 끓여 식힌 후 항아리에 붓는다.

- 명이를 살짝 데쳐서 물기를 거둔 후에 사용하기도 한다.
- 명이의 어린 잎은 나물로 무쳐 먹으면 맛있다.
- 명이의 겉껍질은 물에 불리면 벗기기가 쉽다.
- 명이장아찌는 고기와 함께 먹으면 고기의 느끼한 맛을 줄게 한다.

봄의 맛을 식탁 위에 올리다

오래 전 우리집이 식당을 하던 시절, 명이 나물은 우리 식당의 인기 메뉴였다. 원래는 주메뉴와 함께 나오는 반찬이었지만, 어머니는 어떤 상차림에도 항상 곁들여 내 놓으셨다. 새콤달콤한 명이장아찌를 한번 맛본 사람들은 그 맛에 반해 우리 식당을 계속 찾아왔었다. 명이는 친정에서도 밥상에 빠지지 않고 올라오는 반찬이었다. 아버지는 별로 고기를 즐기지 않으셨는데, 명이와 고기를 드시는 날은 속이 편하다고 하셔서 친정엄마는 매 끼니 때마다 명이를 밥상 위에 올리셨다. 명이는 겨우내 땅 속에 있다가 봄이 되면 눈 속을 파헤치고 싹을 띠우는 생명력이 긴 식품이다. 장아찌가 맛이 들기까지 어린 잎은 살짝 쌈으로 내어 먹으면 겨우내 움츠러든 몸과 마음에 봄기운을 불어넣는다. 우리 식당을 자주 드나들었던 손님들도 아마 풍성한 봄의 맛을 느끼러 왔던 것 같다. 제철식의 의미가 점점 사라지는 세상이 되었지만 명이장아찌는 봄나물을 캐던 아낙네의 바구니를 채우듯 사계절 내내 밥상 위에 봄기운을 물씬 풍기게 하고 있다

경상도 오인숙 선생댁

각색편

재료 및 분량

멥쌀가루 5컵, 소금 1/2큰술
백편 : 설탕 3큰술
꿀편 : 황설탕 3큰술 진간장 1작은술, 꿀 1큰술
승검초편 : 승검초가루 1큰술, 설탕 3큰술
고명 : 밤 15개, 대추 20개, 석이버섯 10장, 잣 3큰술

만드는 법

1. 쌀가루에 소금을 넣고 고루 비벼서 체에 내린 다음 3등분한다.
2. 각각의 쌀가루에 분량의 재료를 넣어 고루 섞은 다음 물을 넣고 비벼서 체에 내린다.
3. 고명으로 준비한 밤과 대추, 석이버섯은 손질하여 아주 곱게 채 썰고 잣은 고깔을 떼어내고 길이로 반을 잘라 준비한다.
4. 고명을 고루 섞는다.
5. 찜솥에 김이 오르기 시작하면 찜기 안에 젖은 면보를 깔고 원형틀을 올려 각각의 쌀가루를 켜켜히 넣고 그 위에 고명을 올린 뒤 15분간 쪄준다.

Tip

- 떡을 만들 때는 반드시 체에 내린 다음 사용하는 것이 좋다.
- 떡가루의 분량을 미리 똑같이 나누어 놓는다.
- 쌀가루를 물에 내린 후 손으로 꽉 쥐었다 흔들어 보았을 때 부서지지 않으면 알맞은 수분의 농도이다.
- 승검초가 준비되지 않으면 쑥가루를 사용해도 좋다.

맛과 향, 색으로 먹는 떡

각색편은 멥쌀가루에 고명과 향을 넣어 한 시루에 쪄낸 떡을 말한다. 보통 흰 백편, 갈색의 꿀편, 당귀싹 가루를 섞은 초록색의 승검초편을 말하는데, 맛과 색이 다른 여러 가지 떡을 한 접시에 차려냈다고 해서 각색편이란 이름이 붙여졌다.

잔치가 있는 날이면 모양이 화려한 각색편이 잔치상에 올라왔다. 그래서 솜씨가 좋은 아낙들은 잔치집으로 불려 가기도 했는데, 친정엄마도 예외는 아니었다. 각색편은 고운 체에 내린 쌀가루를 삼등분을 해 놓고, 설익거나 질지 않도록 적당히 수분을 주는 것이 제일 중요한데, 친정엄마는 눈짐작 손대중만으로도 척척 각색편을 만드셨다. 엄마가 쪄낸 각색편이 화려하게 그 모양을 드러내면 나도 절로 흥이 났다. 고운 옷을 차려입고 혼례상 앞에 마주 서 있는 신랑 신부의 얼굴이 더없이 고와 보였던 것도 엄마가 만든 각색편 때문이었을 것이다.

'죽보다 밥을 밥보다 떡'이란 말이 있듯이 그래서 사람들은 떡을 특별히 좋아하는 것 같다.

경상도 오인숙 선생댁

엿강정

재료 및 분량

호두엿 강정 : 호두 2컵, 조청 2컵, 설탕 1큰술, 콩가루 1/2컵
대추엿 강정 : 대추 2컵, 조청 2컵, 설탕 1큰술, 콩가루 1/2컵
땅콩엿 강정 : 볶은땅콩 2컵, 조청 2컵, 설탕 1큰술, 콩가루 1/2컵

만드는 법

1. 호두는 껍질을 벗겨서 잣 굵기 정도로 잘게 잘라 놓고 조청에 설탕을 넣고 끓이다가 실이 생기면 호두를 넣고 고루 버무린 후 콩가루를 묻혀서 적당한 크기로 자른다.
2. 대추는 돌려 깎아 씨를 빼고 굵게 다진다. 조청에 설탕을 넣고 끓이다가 실이 생기면 굵게 다진 대추를 넣고 고루 버무린 후 콩가루를 묻혀서 적당한 크기로 자른다.
3. 볶은 땅콩은 껍질을 벗겨 굵게 다진다. 조청에 설탕을 넣고 끓이다가 실이 생기면 땅콩을 넣고 고루 버무린 후 콩가루를 묻혀서 적당한 크기로 굳힌다.
4. 그릇에 만든 엿강정을 담는다.

Tip

- 호두는 뜨거운 물에 담가 두었다가 꼬지로 껍질을 벗긴다.
- 땅콩은 다진 후 체에 받쳐 가루를 털어낸다.
- 여름에는 금방 녹으므로 만들어서 냉동 보관한다.
- 땅콩은 오래되거나 쩐 냄새가 나지 않는 것을 구입한다.

명절이면 손꼽아 기다려지던 그 맛

엿강정은 손이 많이 가는 음식이다. 먼저 원재료인 엿을 만들고 강정 재료들을 차례로 준비하다 보면 한 달은 족히 걸린다. 콩이며 깨 같은 재료를 고르고 말리고 볶기까지 긴 시간 엄마 혼자 동분서주해야 하니 쉽게 해 먹을 수 있는 음식이 아니었다. 그 내용을 제대로 알리 없는 우리는 고생하는 엄마 사정도 모른 채 고소하고 달콤한 냄새가 좋아 명절을 손꼽아 기다릴 뿐이었다. 쌀엿을 끓여 대추, 땅콩, 호두 등을 각각 넣고 버무린 뒤 판때기에 펴서 마름모꼴로 잘라내면 비로소 맛깔스러운 엿강정이 되었다. 종류별로 담아내는 것은 내 담당이었는데 덕분에 자투리 강정을 실컷 먹을 수 있었다. 모양이 반듯한 것들을 먹고 싶었지만 손님상과 차례상에 올려야 하기 때문에 어린 마음에도 모양이 예쁜 것들은 집어먹기가 어려웠다. 그래도 찌그러지고 볼품없는 엿강정이 얼마나 맛있었는지…. 요즘 선물용으로 예쁘게 포장되어 있는 고급 한과보다 볼품 없었던 그 엿강정이 자꾸 먹고 싶어지는 이유는 왜일까.

경상도 오인숙 선생댁

대추고리

재료 및 분량

대추 130g, 물 800g(4컵)
찹쌀가루 1컵, 물 2컵
호두 20g, 꿀 1큰술, 소금 1작은술

만드는 법

1. 대추는 깨끗이 씻은 후 분량의 물과 함께 냄비에 넣고 센불에서 끓으면 중불로 낮추어 대추물이 1/3 정도 되도록 줄여 체에 내리고 껍질과 씨는 버린다.
2. 호두는 뜨거운 물에 5분 정도 불려 속껍질을 벗긴 후 굵게 다진다.
3. 찹쌀가루에 물을 넣고 풀어 찹쌀물을 만든다.
4. 냄비에 준비한 찹쌀물을 넣고, 센불에서 멍울이 생기지 않도록 끓이다가 대추물을 넣고 약불에서 대추죽을 좀 더 끓인 다음 꿀과 소금으로 간을 맞춘다.
5. 그릇에 담아낸다.

Tip

- 죽을 끓일 때는 나무주걱으로 잘 저어 넘치거나 눌지 않게 끓인다.
- 대추는 졸여서 대추고를 만들어 두었다가 필요할 때 사용하면 편하다.
- 대추의 씨를 빼고 부드러워질 때까지 끓여 믹서에 곱게 갈아도 좋다.
- 대추의 단맛은 정신을 안정시키며 피부의 노화를 지연시킨다.

정성의 온기를 품은 음식

입맛이 없을 때면 속을 달래고자 죽집에 간다. 주문을 넣자마자 나오는 죽 한 그릇이 반갑기도 하지만 빠르게 끓여서인지 양은 냄비처럼 죽의 온기도 성급히 식어버린다. 친정엄마는 입맛을 잃은 아버지를 위해 종종 대추고리죽을 쑤셨다. 평생 학자로 지내셨던 아버지는 입이 깔깔하다며 밥상을 자주 물리시곤 하셨는데, 대추고리죽이 올라오는 날은 남김없이 죽 한 그릇을 다 드셨다. 아마도 아버지는 전날 밤새 불 앞을 떠나지 않으셨을 친정엄마의 정성을 알고 계셨던 것 같다. 대추를 삶은 뒤 손으로 주물러가며 고운 대추물을 내리고 찹쌀가루를 섞어 만든 대추고리는 돌아가신 친정엄마의 정성으로 만들어진 음식이었다. 수저를 내려놓고도 한참 동안 따뜻한 온기를 품게 했던 친정엄마의 죽 맛이 그립다.

평안도 평양

오정선 선생댁

오정선

한국통과의례 연구원장
세계 떡 한과 협회 이사
떡카페 예랑 대표

- 2005 서울 국제요리경연대회 반가음식부문 금상 수상
- 2005 독일 퀼른 식품박람회 운영
- 2006 일본 지바현 식품 박람회 운영
- 2012 대한민국 국제요리경연대회 남북발효식품부문 대상 수상
- 2013 대한민국 국제요리경연대회 향토음식부문 농림축산식품부장관상 수상
- 2013 중국 상해 한국 떡 한과 문화축제 운영

아버지와 어머니는 평양분이시다.
아버지는 평안남도 대동군 남곤면 용포리이시고, 친할머님은 서씨의 진사댁 따님이라 하셨다.
아버님의 유년시절에는 36간 집에서 7남매 중 6번째셨다.
그 중 네분의 형제와 장손이 서울에 내려와 사셨는데 장수하셨지만 지금은 모두 소천하시어 그냥 옛 기억을 더듬어 그리움만 키워야 한다.

아버님은 젊은 시절에 수풍발전소의 책임자로 계셨었고, 춘천에 오셔서 어머니와 결혼하시어 나의 출생지는 춘천이다.
그러나 계속 서울서 자랐으며 지금은 서울 근교에 살고있다.

한국음식을 제대로 배우고 싶은 욕심에 윤교수님을 만나 체계적이고 철저히 배울 수 있는 복을 누리게 되었으며, 배우고 가르치고 전시하고 홍보하던 일을 국내 · 국외에서 계속 하게 되면서 한국음식 세계화에 교수님과 앞장서서 다녔던 영광의 시간들이 내 생에 소중한 추억으로 남아있다.

나의 유년시절은 서울이지만 시골의 풍경이 있던 중곡동에서 지냈다.
이른 새벽 먼동이 밝기도 전에 아버지께선 큰딸인 나를 깨워 오리장에 나가 어둠 속에 하얗게 깔린 오리알을 줍던 기억이 아스라이 떠오른다.
먹을 것이 흔치 않았고 달걀도 귀했던 시절에 큼직한 오리알이 가득담긴 양동이들은 귀한 아침의 선물이었다. 오리는 홍콩으로 수출하셨다. 50년 전의 이야기!

부지런하신 아버지가 계시니 어머니는 가족과 일꾼들을 챙기시느라 늘 바쁘셨다.
학교에 갔다 돌아오는 길목엔 좀 높은 언덕이 있어 우리집이 멀리 보이기 시작하면 갑자기 배가 고파져 단숨에 내달려가면 집마당 한켠에 있는 큰 가마솥에 국이 가득 담겨져 있었고, 부엌에서 바쁘게 움직이시던 어머니와 돕는 분들의 분주함 속에 한 울타리에서 많은 사람들과 어울려 풍성한 유년시절을 보냈다.

당연히 어머니는 여러 음식들을 사시사철 절기음식과 명절음식을 만드셔야 했고, 그 솜씨덕에 교회에서 큰 손님들이 오시면 앞장서서 큰 일들을 뚝딱 해내셨다.

9남매의 맏이이신 어머님은 이모와 삼촌들의 약혼식, 결혼식을 외가댁에서 차리셨는데 지금 80세 되신 가정과 출신의 이모님과 외할머님!! 늘 함께 혼인날에도 찹쌀모찌를 만드셔서 많은 하객들에게 나눠주신 외할머님은 통크신 분이셨다.

명절이 아니어도 외가댁에 가면 늘 많은 친척들로 화기애애 즐거웠고, 아버지의 몇 안되는 친척분들도 사랑과 정이 두터워 어디를 가나 큰 상차림의 음식을 보고 먹을 기회가 많았다.

이렇게 어려서부터 주변의 식문화를 즐겁게 바라보고 행복해 했는데, 내가 혼례를 앞두고 중국 요리사를 초빙하여 중국요리를 배운 것이 요리를 만들기 시작한 시점이 되는 듯하다. 또한 주변의 지인들의 도움으로 서양음식도 배웠다.
외식보다는 집에서 맛있게 만들어 먹고, 아이들의 생일이나 축하날에도 집에서 다 준비해 주어서 아이들 친구들은 우리집 오는 것을 매우 좋아했다.

그러다가 한국음식을 제대로 배우고픈 욕심에 (사)한국전통음식연구소 윤숙자 교수님을 만나 체계적이고 철저히 배울 수 있는 복을 누리게 되었으며, 배우고 가르치고 전시하고 홍보하던 일을 국내 · 국외에서 계속 하게 되면서 한국음식 세계화에 윤숙자 교수님과 앞장서서 다녔던 영광의 시간들이 내 생애 소중한 추억으로 남아있다.

만남의 소중함을 다시 느끼며 한 길을 오래 걸어오신 윤숙자 교수님께 큰 감사의 말씀을 드리고 늘 건강하시기를 기도드린다. 앞으로도 한국음식 세계화에 부지런한 노력으로 열성을 다하며 전통음식 연구와 발전에 혼신을 다하고 싶다.
이 책을 만드는 동안 건강함을 허락해주신 하나님과 여러면에 도움을 주신 분들께 깊은 감사를 드린다.

평안도 평양 오정선 선생댁

평양냉면

재료 및 분량

냉면 400g, 오이 150g, 무 100g, 배 100g, 달걀 3개, 동치미국물 5컵
고기육수 : 물 10컵, 쇠고기 200g, 파 50g, 마늘 10g, 통후추 1작은술
간장 1큰술, 소금 1큰술
무양념 : 소금 1/2작은술, 고춧가루 1/4작은술, 마늘즙 1/4작은술, 생강즙 1/8작은술
발효겨자 1큰술, 식초 1큰술, 소금 1$\frac{1}{2}$작은술

만드는 법

❶ 냄비에 핏물 뺀 쇠고기와 찬물을 넣고 끓이다 파, 마늘을 넣고 육수를 만들어 간을 맞춘다.

❷ 오이는 반을 갈라 어슷하게 썰고 소금에 절인 후 물기를 지그시 뺀다.
무와 배는 껍질을 벗겨 5×2×0.2cm로 썰어 무만 양념하고, 달걀은 삶아 껍질을 벗기고 반으로 가른다.

❸ 냉면을 끓는 물에 삶아 얼음물에 2~3회 헹구고 1인분씩 사리지어 채반에 놓는다.

❹ 동치미국물과 육수 5컵을 섞는다.

❺ 냉면을 그릇에 담고 고기, 오이, 무, 배와 달걀을 올리고 육수를 부어 식초, 겨자를 곁들여 낸다.

- 냉면 사리를 불지 않게 삶는다.
- 냉면 사리는 헹굴 때 얼음물이면 더욱 좋다.
- 냉면 사리를 말아서 흩어지지 않게 꼬리를 틀어 소쿠리에 담아둔다.
- 육수는 고명 아래까지 오도록 붓는다.

고향 대동강에서 여름엔 시원히 수영을 하시었고 겨울에는 신나게 스케이트를 타신 아버지는 항상 냉면을 너무도 좋아하셨다.
엄마 역시 평양이 고향이신데 어려서 외할아버지와 형제분들이 집안에 모여 담소를 나누시다가 냉면집에 주문하면 냉면을 지게에 지고 와 맛나게 드셨다고 한다.
어려서 친구들과 포도밭에 가서 포도를 실컷 먹고는 놀다가 출출해져 집으로 달려가면 엄마는 시원한 냉면을 만들어 주셨는데 우린 게눈 감추듯 먹고 친구들의 입에선 감탄사가 절로 나왔다.
그만큼 우리집 냉면은 동네에서도 일품이었다.
무덥던 어느 날 남산의 케이블카를 타러 온가족이 나들이를 갔는데 남산 밑에는 아버님 친구분들이 몇 분 사시어서 방문한 적이 있었다.
그 댁에서도 얼마나 맛나게 시원한 냉면을 해주시던지 흠뻑 흐르던 땀도 멈추었고 시원한 수박과 함께 어린시절의 즐거운 남산 가족 나들이가 되었다.

평안도 평양 오정선 선생댁

평양만둣국

재료 및 분량

다진쇠고기 100g, 다진돼지고기 100g, 말린 표고버섯 2개, 두부 200g
배추김치 200g, 삶은 숙주 100g
양념 : 소금 1작은술, 다진파 2작은술, 다진마늘 1작은술, 깨소금 1/2큰술
참기름 · 후추 조금씩
만두피 : 밀가루 2컵, 소금 1/2작은술, 물 8큰술, 식용유 조금
육　수 : 쇠고기(사태) 300g, 물 12컵, 파 20g, 마늘 10g, 소금 · 간장 조금씩

만드는 법

❶ 밀가루에 소금, 식용유 한두 방울 물을 넣고 반죽해서 비닐에 싸둔다.
❷ 냄비에 사태고기를 넣고 물을 부어 끓이다가 파, 마늘을 넣어 끓여 육수를 만든다.
❸ 다진 쇠고기와 돼지고기의 핏물을 빼고 두부도 물기를 빼고 칼등으로 으깬다.
표고버섯은 다지고 김치와 숙주도 물기를 빼고 다진다.
❹ 다진 고기와 두부, 버섯, 김치와 숙주에 양념을 넣어 고루 섞어 소를 만든다.
❺ 밀가루 반죽을 조금씩 때어서 얇게 밀어 놓고 만두소를 넣어 갸름히 빚어 끓는 육수에 넣고 간하여 끓으면 불을 줄이고 잘 익혀 그릇에 담고 고명을 올려 낸다.

Tip

- 만두피는 하루 전에 만들어 비닐봉지에 넣어둔다.
- 만두피를 밀 때 안은 도톰히 밖은 얇게 민다.
- 만두를 너무 오래 삶으면 터진다.
- 만두속 재료에 김치 대신 배추를 삶아 넣어도 좋다.
- 말린 표고버섯은 미지근한 물에 불린다.

명절이 가까이 오면 늘 빚어먹던 만둣국!!

둥근 상에 둘러 앉아 온 가족이 모여 엄마가 준비해 주신 만두소와 만두피 반죽을 정성껏 밀대로 밀어서 만두속을 가득 채우고 빚기 시작한다.
둥글게 만두피를 잘 미는 것이 가장 중요한데 가운데는 좀 도톰히, 바깥은 얇게!!
어릴 때는 참으로 어렵게 느껴져 힘들었지만 해가 갈수록 어느 때부터인가 보다 쉽게 밀 수 있어 즐겁게 만두피를 밀었던 기억이…
지금도 간직하고 있는 엄마가 쓰시던 밀대는 길들여진 세월 속에 반짝 반짝 빛나고 있다.
아버지의 추억담도 한 보따리 들어 있다.
명절이나 생일날… 형제들이 모이면 언제나 화기애애 만두 빚어 먹던 푸짐한 이야기들과 함께 따끈한 만둣국 한 그릇은 이북 분들에겐 고향과도 같다.
나이를 들면서도 출출해지면 만둣국 한 그릇이 생각나며 얘기꽃들도 피어오른다. 참으로 고마운 건강식이다.

평안도 평양 오정선 선생댁

병거지골

재료 및 분량

쇠고기 300g, 당근 100g, 무 100g, 표고버섯 5장, 실파 30g
숙주나물 100g
소금 · 간장 조금씩, 육수 6컵
고기양념 : 간장 2큰술, 설탕 1큰술, 다진파 1작은술, 다진마늘 2작은술
깨소금 · 참기름 · 후춧가루 약간씩

만드는 법

❶ 쇠고기 200g은 채 썰어 고기양념을 하고 나머지는 육수를 만든다.
❷ 무, 당근은 4cm 길이로 채썰어 끓는 물에 소금을 넣어 살짝 데쳐 놓는다.
❸ 숙주나물은 거두절미하여 끓는 물에 살짝 데친다.
❹ 실파는 4cm 길이로 자르고, 표고버섯도 채 썰어 준비한다.
❺ 벙거지골 냄비에 채소를 색 맞추어 돌려 담고 가운데는 양념한 고기를 담고 육수를 부어 간하여 끓인다.

Tip

- 국물이 넘치지 않도록 한다.
- 담을 때 색을 잘 맞추어 담는다.
- 육수를 넉넉히 준비하여 부어가며 먹는다.
- 계절에 맞는 여러 식재료를 사용할 수 있다.

우리집이 큰 집은 아니었지만 명절에는 꼭 엄마가 음식을 바쁘게 준비해 두시고 오시는 손님들에게 정성들여 대접하시곤 했다.
그 중에서도 손님들에게 가장 인기가 있었던 것은 뜨끈하게 먹을 수 있는 전골이었는데 그때그때 준비한 재료들에 따라 다양하게 즐길 수 있었다.
여러 채소와 버섯에 육수를 넣어 푸짐히 먹는 전골…, 쇠고기와 배추를 듬뿍 넣고 당면을 곁들인 달콤한 전골도 많이 먹었다.
어머니는 음식 만드는 것을 좋아하셨는데 이는 아버지의 잦은 손님 대접이 한 몫을 했다. 전골은 날씨가 추워지면 더욱 생각나기도 하는데, 계절에 따라 신선한 재료로 푸짐히 먹을 수 있는 전골은 요즘 같이 바쁘게 지내며 갑자기 오신 손님에게 따뜻이 대접할 수 있는 우리네 훌륭한 음식이다.

평안도 평양 오정선 선생댁

알된장

재료 및 분량

된장 2큰술, 쇠고기 다진 것 30g, 양파 1/3개, 호박 또는 가지 15g
풋고추 1개
다진파·마늘·후추·식용유 조금씩, 부추 10g, 물 1컵, 부추 약간
달걀 2개 푼 것

만드는 법

1. 쇠고기는 핏물를 빼고 파, 마늘, 후추로 양념한다.
2. 호박은 골패 모양으로, 양파와 부추, 고추는 송송 썬다.
3. 약불에 뚝배기를 올리고 기름을 두른 후 먼저 쇠고기를 볶다가 부추를 뺀 모든 채소와 된장을 넣고 볶고, 물을 넣어 자글자글 끓인다.
4. 달걀을 풀어 넣어 잘 젓고 다 익기 전에 불을 끄고 부추를 올린다.

- 국물은 자작해야 한다.
- 건지가 많아 빽빽하지 않고 부드러워야 한다.
- 불 조절을 잘해서 끓은 후에는 약불로 서서히 끓임이 좋다.
- 계절에 맞는 신선한 채소를 쓴다.

쇠고기를 싫어하시는 시어머님은 멸치국물과, 장아찌, 게감정, 북어찜을 좋아하셨다. 그나마 불고기는 다행히 조금은 드셔서 생신이나 명절에 고기를 잘 먹는 식구들은 덜 미안했다.
늘 육류를 많이 먹는 육남매를 어찌 기르셨을까하는 애잔함이… 엄마는 용감함이다.
부지런하셨고 아침이면 돋보기 끼시고 성경을 읽으시던 어머님!!
참으로 좋아하신 것은 알된장이다. 나도 몇 번의 실패를 거듭나 하면서 손에 익히게 되었고 장마철이나 무엇을 먹을까 메뉴가 안 떠오를 때, 입맛 잃은 날엔 어머님을 그리워하며 알된장을 먹는다.
몸에도 이로운 된장을 살짝 방향을 바꿔 알된장이란 이름으로 주변에 많이 알려져서 영양가 있고 맛있는 알된장으로 모든 이들이 기운을 얻게 되길 즐겁게 희망한다.

평안도 평양 오정선 선생댁

어육장(魚肉醬)

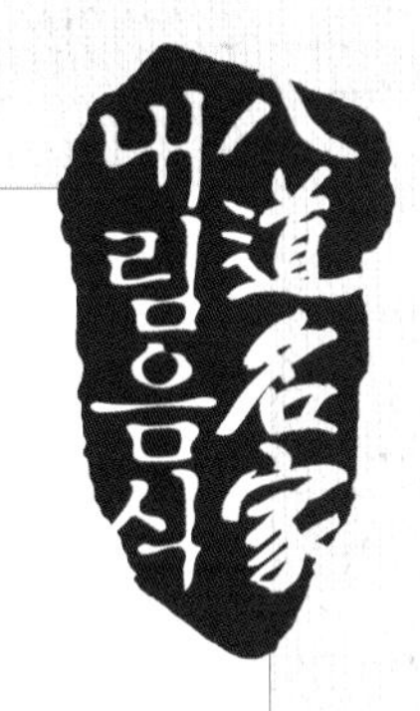

재료 및 분량

메주 5kg, 쇠고기 600g, 닭 1.5kg, 꿩 1.5kg
숭어나 도미 5kg, 전복 1kg, 잔새우 500g, 홍합 500g
소금 4kg, 물 15L

만드는 법

1. 메주는 곰팡이를 솔로 털어내고 바람 불고 해 좋은 날에 크게 조각 내어 볕을 쪼인다.
   항아리도 소독한 후 짚으로 몸체를 싸고 땅에 묻는다.
2. 쇠고기는 햇볕에 말려 물기를 제거하고 꿩과 닭도 내장을 없애고 살짝 데쳐 준비한다.
3. 숭어를 깨끗이 씻어서 비늘과 머리는 제거하고 새우와 홍합도 준비한다.
4. 쇠고기를 독밑에 깔고 숭어, 닭, 꿩의 순서로 넣고 메주를 장 담그는 방법대로 넣는다.
5. 물을 끓여 식힌 뒤 소금을 풀어 녹여 붓고 기름종이로 장독 입구를 단단히 밀봉하고 뚜껑을 덮어 1년 후에 먹는다.

Tip

- 모든 재료는 신선함이 우선이다.
- 생선은 비늘을 먼저 벗기고 물에 씻어 말린다.
- 마지막의 독을 잘 밀봉하는 것이 중요하다.
- 3년이 지나서 먹으면 더욱 좋다.

장은 그 집의 음식 맛을 좌우하는데 퇴촌집에 바람도 잘 통하고 양지 바른 곳에 장독대가 있어 거기 있는 항아리들을 볼 때마다 마음이 든든해진다.
해마다 일반장은 좋은 메주를 부탁하여 된장을 정성껏 담그고 간장도 빼서 항아리에 담는다. 그 맛도 좋지만 음식의 조미료와 같은 맛나게 먹던 어육장을 어찌 눈독들이지 아니하랴!!
해마다 만들진 못해도 정성들여 만들어 두곤 소문 안내고 귀하게 먹는 우리집 장이다.
몇해 전엔 세계음식경연대회에 이 어육장을 가지고 출전을 해서 남북 발효식품의 대상을 받을 수 있었다. 큰 상을 받을 만큼 내겐 특별한 어육장의 맛을 대대손손 맛볼 수 있도록 부지런을 떨어야겠다.

평안도 평양 오정선 선생댁

밤떡케익

재료 및 분량

멥쌀가루 3컵, 소금 1작은술
황률가루 40g, 밤 10개, 계핏가루 0.4g
설탕물 2큰술, 물 5큰술
고명 : 율란 3개

만드는 법

❶ 찜기에 물을 붓고 센불에 올려 끓으면 밤을 넣고 15분 정도 찐 다음 반으로 갈라 과육을 꺼내고 체에 내린다.
❷ 멥쌀에 설탕물과 섞어놓은 황률가루와 찐밤, 계핏가루를 함께 넣고 고루 비벼 섞어서 체에 내린다.
❸ 찜기에 물을 붓고 센불에 올려 끓인다. 찜기에 젖은 면보를 깔고 떡틀을 올린 후 떡틀 안에 멥쌀가루를 넣고 위를 수평으로 편편하게 한 다음 김이 오르면 15~20분 정도 찐다.

Tip

- 밤은 굵고 달아야 맛이 있다.
- 약재의 마른 가루나 황율가루를 넣을 때는 수분을 더 보충해 준다.
- 황률가루는 설탕물을 부어 걸죽히 만들어 섞으면 질감이 부드럽다.
- 밤의 향기가 진해서 깊은 가을을 느낄 수 있는 떡이다.

내가 사는 퇴촌집 마당에는 100년 된 밤나무가 있는데, 추석 무렵에는 밤들이 어김없이 입 벌린 큰 밤송이에서 나란히 사이좋게 붙어있다가 바람이 한 번 스쳐 지나가주면 바닥으로 후드득 떨어져 아침 일찍 일어나 주워 모으면 주위 사람들에게 선물하고도 한가득 남아 황율을 만들어 두었다가 약식과 영양밥도 해먹고 정성들여 만드는 율란과 잣고물 묻힌 밤초도 해 먹는다.
그리고 손님이 오시거나 생일날에는 부드럽고 구수하며 깊은 맛이 있는 밤떡케익을 넉넉히 만들에 떡 한켠은 같이 먹고 다른 한켠은 잘 갈무리하여 싸드리면 가시는 얼굴에 미소가 번진다.
지금 운영하는 떡카페에서도 밤떡케익은 인기있게 잘 팔리고 있다.
퇴촌 마을의 가장 맛난 밤을 해마다 어김없이 주고 늠름한 모습으로 마을을 지키고 내 집을 지키는 밤나무가 고맙다.

평안도 평양 오정선 선생댁

평양떡

재료 및 분량

찹쌀 1.5kg, 거피팥 500g, 소금 2큰술, 설탕 적당량

만드는 법

1. 찹쌀을 씻은 후 반나절 물에 불린 다음 건져서 물기를 어느 정도 뺀다.
2. 방아를 내리면서 소금간과 설탕간을 한다.
3. 거피팥을 씻은 후 반나절 물에 불린 다음 껍질들을 최대한 제거하고 스팀기나 찜통에서 40분 찐 다음 소금과 설탕간을 하면서 으깬다.
4. 시루에 거피팥고물을 골고루 깔고 스팀 위에 올려놓은 다음 김이 오르면 찹쌀가루를 위에 뿌려준다.
5. 뿌린 찹쌀가루에 김이 오른 것을 확인하면서 거피팥고물을 골고루 뿌려준 다음 시루보를 덮고 20분 더 찐다.

Tip

- 거피팥고물은 너무 곱지 않게 내린다.
- 떡은 두툼하고 큼직해야 좋다.
- 팥고물이 너무 마르지 않게 한다.
- 거피팥은 맑은 물이 나올 때까지 헹구어야 팥이 맛있다.

나의 어린시절 외가댁에 가는 것이 얼마나 즐거웠던지.
명절 말고도 생신이나 혼인날 등등..
여러 친척들이 모이면 분분한 소식들도 즐거웠지만 푸짐한 음식을 먹을 수 있었기에 더 좋았을 것이다. 이방 저방에 연령대로 나뉘어 모여 앉아 반갑게 먹던 둥근 접시 위에 소담히 담긴 평양떡!!
고물이 떨어져서 흘리지 말고 먹으라는 핀잔을 들으면서도 구수하고 쫀득쫀득한 맛에 마냥 즐겁기만 하였다.
헤어져 돌아서는 발걸음은 아쉬움이 남지만 듬뿍 싸주시는 떡에 마음이 녹아져 발걸음을 가볍게 했던 떡이다.

평안도 평양 오정선 선생댁

온조탕(溫棗湯)

재료 및 분량

대추 1kg, 물 3kg, 생강즙 24g, 꿀 200g, 잣 3g

만드는 법

1. 크고 실한 대추를 깨끗이 씻은 후 돌려깍기를 하여 씨를 뺀다.
2. 대추에 물을 넣고 센불에서 끓이다가 약불로 은근히 푹 끓여서 체에 걸러 즙을 낸다.
3. 생강은 껍질을 벗기고 다져서 즙을 낸다.
4. 대추즙에 생강즙을 섞어 은근히 끓인 후에 식혀서 꿀을 섞어 작은 항아리에 담는다.
5. 잔에 즙을 한 큰술 넣고 끓는 물을 붓고 잘 섞어 따끈히 잣을 띄워 마신다.

Tip

- 대추알은 굵은 것을 사용한다.
- 체에 내릴 때 껍질이 섞여 들어가지 않도록 한다.
- 생강은 중간 크기의 단단하고 신선한 것이 좋다.
- 대추로 만든 온조탕은 몸과 마음을 편안하게 해 준다

시댁은 서울이지만 마당이 있었다.
잔디와 장미꽃, 멍멍이, 대추나무, 감나무가 있었는데 가을이면 가지에 늘어지게 대추와 감이 달려서 그 향기와 익어가는 모습은 맘을 풍요롭고 즐겁게 하였다.
시어머님께서 바람에 떨어진 굵은 것을 모아 주시면 나는 집 베란다에 잘 말려 두었다가 일년에 몇차례 우리집에 계시게 될 때 저녁식사 후에 따끈히 타드리면 감격하셔서 환히 웃으시던 모습이 생각난다.
어머님의 모습은 첨 뵈올 때부터 늘 쪽진 머리를 흐트러짐 없이 단정히 계시었고 흰머리보다 검은 머리가 더 많은 것은 몸에 좋은 것을 드셔서 그럴 듯도 하다.
지금도 온조탕을 먹을 때는 어머님의 환한 모습과 마당 한 켠의 탐스러운 대추의 풋풋한 향과 함께…내 맘과 몸을 거뜬히 편안하게 해 준다.

평안도 평양 오정선 선생댁

구기자토마토식초

재료 및 분량

술지게미 5컵, 물 4.5컵, 종초 5컵, 말린 구기자 1/2컵, 토마토(중) 1개

만드는 법

1. 깨끗이 소독한 항아리에 모든 재료를 넣고 잘 섞는다.
2. 따뜻한 곳에 두고 매일 흔들어 준다.
   28~30℃ 일주일
   25℃ 보름
   23℃ 한 달의 시간이 지나면 사용할 수 있다.
3. 초막은 거두고 맑은 식초를 병에 담아 냉장보관한다.
4. 물과 희석하여 음료로 마신다.

Tip

- 초막을 건드리지 않는다.
- 조심스레 항아리를 매일 흔들어 준다.
- 초막이 내려가면 먹을 수 있다.
- 초파리가 꼬이지 않도록 한다.

퇴촌은 해마다 6월이면 토마토 축제로 마을이 들썩일 만큼 토마토가 유명하다.
딸아이가 자라면서 빈혈이 있는 듯 하여 곰곰이 생각하다가 집안 어르신이 만드는 식초가 생각나 나도 그 맛을 흉내 내어 구기자와 토마토를 가지고 식초를 만들어 두고 생수를 섞어 음료를 만들어 먹였다.
그 딸아이가 지금은 결혼하여 내년에는 예쁜 손자를 안을 수 있게 해준다니 이 또한 큰 기쁨이다.
여러 해를 멀리 떨어진 유럽에 있어서 아쉬움이 늘 있었는데 다시금 곁에 두고 해 먹일 수 있음을 즐겁게 생각한다.
음식은 마음이고 사랑이고 생명이다.

평안도 평양 오정선 선생댁

신도주(新稻酒)

재료 및 분량

밑술 : 멥쌀 1kg, 누룩 400g, 물 1.2L
덧술 : 멥쌀 2kg, 물 2.4L

만드는 법

밑술

1. 전날 멥쌀을 씻어 담갔다가 가루로 빻아 설기를 찐다.
2. 차게 식힌 설기에 누룩과 물을 부어 잘 혼합하여 항아리에 담아 23℃ 전후에서 5일 정도 발효시킨다.

덧술

1. 불린 멥쌀을 씻어 담갔다가 건져 고두밥을 찐다.
2. 고두밥이 식으면 밑술과 물을 넣어 잘 버무려 항아리에 담아 20℃ 전후에서 3주일 정도 발효시킨다.
3. 채에 면보를 깔고 잘 걸러서 냉장고에 보관하여 맑은 청주를 귀하게 먹는다.

Tip

- 술을 빚어 항아리에 담근 후 2~3일은 잘 섞어준다.
- 햅쌀, 용기, 물, 위생 등 6재가 중요하지만 그 중에 온도를 잘 맞추는 것이 제일 중요하다.
- 채주 후에는 냉장보관한다.

모든 것이 풍성하여 한가위만 하여라.

그 해의 햅쌀로 빚은 신도주는 친척이 모이는 추석이나 늦은 가을이 생신이신 아버지의 가족모임에 그윽한 향과 짜릿한 맛의 신도주는 빠지지 않는다.
신도주는 술을 좋아하시던 아버지의 추억이 담겨있는 술인데 대동강 가까이 사셨으니 사시사철 수영과 스케이트를 즐기시며 추억을 쌓으셨던 곳…
술을 드시면 아버지의 구성진 가락이 "대동강 푸른 물에 노젓는 뱃사공~~.."
내 어릴 적 큰아버님의 생신은 여름이었는데 날씨가 무더워서 답답한 집을 떠나 뚝섬이나 광나루에 가족이 모여 배를 빌려 나누어 타고 뱃놀이를 하며 삶은 닭과 수박을 안주 삼아서 대동강을 그리워하시며 술을 드셨던 것도 어렴풋이 기억된다.
지금은 돌아가시고 안계시지만 아버님을 생각하면 즐겨 드시던 신도주가 생각난다.
그동안 바쁘다는 핑계로 잊고 지냈는데 내년 한가위에는 잘 빚은 신도주를 동생 집에도 보내고 신세진 가까운 분들에게도 좋은 맛을 보여 드려야겠다.

충청도 서천

이명숙 선생댁

- 2011 한국전통음식경연대회 대상 수상
- 2012 북한지역 전통요리대회 금상 수상
- 2012 대한민국 국제요리경연대회 전통주부문 문화체육관광부장관상 수상
- 2013 대한민국 국제요리경연대회 시절음식부문 농림축산식품부장관상 수상
- 2013 전주비빔밥축제 전국요리경연대회 한식디저트부문 통일부장관상 수상

어릴 적 내 고향 사계절은

드넓은 내포평야 끝자락에 금강이 흐르고 뒤로는 야산들이 병풍처럼 드리워져 있는 내 고향 서천군 화양면은 그야말로 살기 좋은 곳이다.

금강은 바다와 가까이 있어 바다에서만 볼 수 있는 다양한 먹거리가 풍부하였으며, 철새들이 모여들면 인근 야산에는 알을 품는 새들이 많았고 그들의 날개짓은 장관을 이루었다.

봄이 되면 양지바른 언덕에는 냉이가 수줍은듯 고개를 내밀고 자갈밭에는 달래가 너도 나도 봄이 왔다는 듯이 고개를 들었다. 학교 갔다 돌아오면 책가방은 툇마루에 던져놓고 친구들과 나물캐는 것이 놀잇감이 되엇고, 그 나물들은 어머님 손끝에서 맛있는 무침도 되고 국거리도 되고, 장아찌며 밥 등 다양한 음식이 되었다. 여름이면 오빠들과 양동이를 들고 냇가로 나가 미꾸라지, 붕어, 메기등 다양한 물고기들을 잡으며 놀았다. 가을이면 산으로 들로 뛰어다니며 다양한 열매들을 만날 수 있었고, 눈이 많이 내리는 겨울에는 토끼몰이를 하면서 지냈다. 이 같이 식재료가 풍부한 지역에 살다보니 어머님의 손끝에서 나오는 다양한 음식을 접하면서 입맛 또한 까다로운 사람이 되었다. 음식은 먹어본 사람이 잘 먹는다는 어머님 말씀따라 지금의 음식 공부를 하면서 그때 그 맛을 찾으려고 노력한다. 하지만 지금은 그렇게 맛난 음식을 찾아볼 수 없어 아쉽다. 아마도 입맛이 변해서일까….

그리운 나의 어머니!

어머니, 엄마! 대답이 듣고 싶은 이름…..
지금은 대답없는 메아리가 되어버린 나의 어머님!
어머니는 참빗으로 곱게 머리를 빗으시고 낭자머리에 비녀를 항상 꽂으시고, 한복을 평생 입고 지내시던 분이셨다. 첫 월급을 타서 예쁜 현대식 옷 한 벌을 사 드렸는데도 입지 않으시고 고이 장롱 서랍에 넣어 놓으셨다. 지금도 나는 이해를 못한다.
한복차림에 하얀 앞치마를 두르시고 새벽부터 잠자리에 들을 때까지 잠시도 가만히 쉬시는 모습을 뵌적이 별로 없다. 12명이라는 대식구 속에서 손에는 물 마를 날이 없었고 큰집이라서 그런지 제사는 왜 그리도 많은지 한 달에 한 번은 꼭 제사가 있었다. 어릴 적 철없는 나는 제사가 돌아오면 제사 음식 먹을 생각에 참으로 좋았다. 술 항아리에서 술 익는 소리는 음악처럼 들렸고 제사 때마다 떡이며 부침, 산자, 과일 등 먹을거리가 많았다. 어머니께서는 음식을 하시면서 만드는 법이나 주의사항 등을 설명 해주셨다. 지금 생각해보면 그때 어머님의 가르침이 커다란 도움이 되고 관심이 되었지 싶다. 지금은 작고하셨지만 그때 그 시절 어머님의 손맛이 그립다.

내 인생의 전환점

시집와서 남편덕에 잘 먹고 잘 살던 어느 날 IMF가 찾아 왔다. 그때는 많은 사람들이 참으로 힘든 때이기도 하다. 우리 집도 마찬가지였다. 남편 사업이 부도가 나서 하루아침에 끼니 걱정을 해야 하는 지경에 이르렀다. 막내로 자란 나는 어려움을 잘 몰라 손을 놓고 있을 때 언니들이 식당을 해보라고 하셨다. 평소 음식에 관심 많았던 것 하나만 믿고 시작하여, 그런데로 잘 꾸려 나갔다. 하지만 어릴 적 어머니께서 만들어 주시던 한과 맛을 잊을 수가 없어 조그만 한과 가게로 전환하였다. 추수가 끝나고 나면 마당 한켠에 걸려있는 까만 가마솥에 콩을 삶아 메주를 쑤고, 엿을 고우셨다. 그 엿은 겨우내 한과를 만드는 데 주로 쓰셨고 여러 가지 음식에 이용 했다. 달콤한 조청에 고소한 바탕을 적시고 여러 가지 고물을 묻혀내던 산자와 강정, 그리고 조청을 끓여서 어느 정도 졸아지면 여러 가지 견과류를 넣고 버무려 주시던 엿강정 맛은 지금의 어느 과자와도 바꾸지 않을 맛이었다. 집집마다 한과를 많이 만들었지만 어머님 솜씨는 남달랐다. 다른 음식들도 마찬가지지만 어머님의 음식 솜씨는 인근에서 알아주는 분이었다.그래서 나는 똑같은 재료로 만들지만 음식에는 정성을 다해야 맛이 난다는 어머님의 음식철학을 닮아보려고 노력한다. 하지만 어깨너머로 배운 것과 어릴 적 어머니께서 설명해주시던 기억만 가지고 장사를 하다 보니 한과에 대한 공부가 부족함을 느꼈다.
그러던 중에 공부할 곳이 있나 찾아 보던 중 지방에서 찾아가기 쉬운 곳이 (사)한국전통음식연구소였다. 그야말로 한과에 대한 이론만 딱 한 달만 다니자 맘먹고 첫 수업시간에 자기소개를 해보라는 이명숙 원장님 말씀에 한과 명인이 되는 것이 꿈이라고 아무 생각 없이 말했다. 말이 씨가 된다는 말처럼 나는 명인을 향하여 열심히 노력 중이다. 노력하면 뭐가 되던지 되겠지 라는 생각으로 오늘도 나는 옛맛을 찾으려고 쌀을 삶는 중이다. 내 꿈을 향해!
나는 힘들 때마다 인도네시아 교육중에 한국전통음식연구소의 윤숙자 교수님의 땀에 젖은 한복 저고리를 생각하며 힘을 얻곤 한다. 교수님과 인연의 시간이 무르익어 내 그리운 어머님같은 마음이 들 때 쯤이면 땀에 절은 한복 저고리의 의미를 알수 있을까? 무엇을 위해 힘든 길을 가시는지 안다고 하면서도 그 길을 가보라고 하면 선뜻 나서지 못할것 같다.

충청도 서천 이명숙 선생댁

어죽(魚粥)

재료 및 분량

멥쌀 150g
붕어 720g, 붕어 삶는 물 10컵
양파 1/2개(120g), 홍고추 1개(15g), 쑥갓 20g
된장 1큰술, 고춧가루 1큰술
소금 1작은술
양념장 : 된장 1큰술, 생강즙 1큰술, 마늘 15g

만드는 법

1. 멥쌀은 깨끗이 씻어 2시간 정도 불린 다음 물기를 뺀다.
2. 붕어는 비늘을 긁고, 내장을 빼어 깨끗이 씻는다.
3. 양파와 홍고추, 쑥갓은 다듬어 씻어서 양파는 길이 5cm, 폭 0.5cm로 썰고 홍고추는 길이 2cm로 어슷 썬다. 쑥갓은 길이 5cm로 썬다.
4. 냄비에 붕어를 넣고 물을 부어 센불에 올려 끓으면, 양념장을 넣고 중불로 낮추어 30분 정도 끓인 다음 굵은 체에 내린다. 된장과 고춧가루를 풀어 넣고 센불에 올려 끓으면, 멥쌀과 양파, 홍고추를 넣고 중불로 낮추어 20분 정도 끓이다가 약불로 낮추어 가끔 저어가면서 10분 정도 더 끓인다.
5. 죽이 어우러지면 소금으로 간을 맞추고 2분 정도 끓인 다음 쑥갓을 넣고 불을 끈다.

Tip

- 붕어와 여러 가지 종류의 민물고기를 섞어서도 끓인다.
- 고추장을 넣으면 얼큰하다.
- 수제비를 넣어도 좋다.
- 인삼을 넣기도 한다.

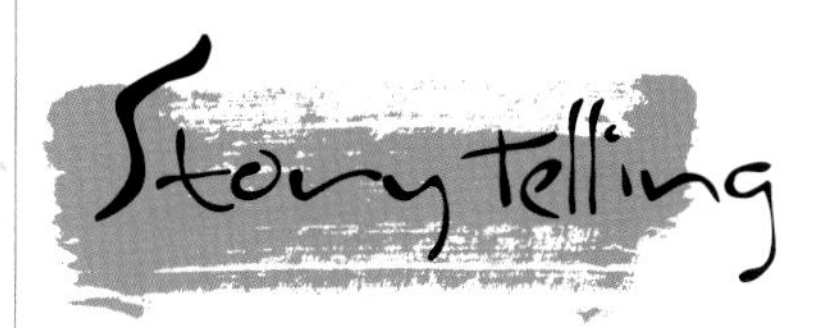

여름 장마철이면 대바구니 몰래 꺼내 가지고 동네 친구들과 들판에 나가 물꼬를 터놓은 논두렁에 옹기종기 모여 앉아 송사리를 잡았다. 가끔은 제법 큰 녀석들이 걸리면 우리 꼬맹이들은 환호성을 지르다가 바로 위에 오빠가 잡은 물고기 양동이를 넘어트려 물고기를 다 놓쳐서 혼도 많이 났었다. 그래도 몇 시간 동안 장난치며 잡은 물고기들은 제법 많은 양이 되었다. 그때 그 시절은 물고기도 참으로 많았었다. 지금은 농약이며 여러 가지 생태계가 파괴되어 그 흔하던 물고기는 어디로 사라졌는지… 물고기 양동이를 들고 집에 들어오면 어머니께서는 "많이 잡았네!" 하시면서 어죽을 끓이셨다. 붕어를 손질할 때면 펄펄 뛰는 제법 큰 놈은 파닥파닥 뛰었고 날쌘 피라미는 요리조리 도망갈 궁리를 열심히 하지만 엄마의 손을 벗어날 수는 없었다. 그 광경을 바라보며 물고기한테 조금은 미안하였지만 상에 놓인 어죽 앞에만 앉으면 언제 그랬냐는 듯이 맛나게 먹었다.

충청도 서천 이명숙 선생댁

고구마줄거리김치

재료 및 분량

고구마줄기 3단(2.4kg), 실파 100g, 부추 150g
홍고추 5개, 양파 1/2개
양념 : 고춧가루 1컵, 설탕 1큰술, 다진마늘 2큰술, 소금 1$\frac{1}{2}$큰술, 액젓 4큰술
통깨1큰술
소금물 : 물 12컵, 천일염 1컵
찹쌀풀 : 물 1컵, 찹쌀가루 2큰술

만드는 법

1. 고구마줄기를 껍질을 벗기고 7cm 정도의 길이로 자른다.
2. 껍질 벗긴 고구마줄기를 소금물에 40분 정도 절여서 깨끗이 씻은 후 물기를 뺀다.
3. 찹쌀풀을 만들어 식히고, 홍고추, 양파를 믹서기에 넣고 곱게 갈아 준다.
4. 실파와 부추는 깨끗이 씻어 4cm 정도 썰고 찹쌀풀 간 것과 양념을 넣고 고구마줄기를 넣어 골고루 버무린다.

Tip

- 고구마줄기는 적색인 것이 맛이 좋다.
- 덜 절이면 맛이 없다.
- 고구마줄기 껍질은 싱싱하지 않을 때 잘 벗겨진다.
- 찹쌀풀을 넣지 않기도 한다.

고구마 꽃은 행운의 상징이라고 한다. 춘원 이광수는 회고록에서 "백 년에 한 번 볼 수 있는 꽃"이라고 기록했다. 그만큼 배고프던 시절에 양식이 되었던 고구마는 7~8월경에는 연보라색 나팔꽃 모양으로 꽃을 피우는데 꽃을 보기가 아주 힘들다. 내 기억에는 한여름 고구마 밭에 넝쿨을 걷어 주면서 꽃을 보곤 했는데 그때는 그 꽃 보기가 힘이 드는 것인지 잘 몰랐다. 기다랗게 자란 고구마줄기에서 채취한 고구마줄거리는 훌륭한 찬이 되었다. 고추밭에서 빨간 고추 몇 개 따고 부추와 함께 만들어 주셨던 고구마줄거리김치는 칼칼하고 달달한 맛은, 입맛이 없는 여름철에 지금도 가끔 생각나게 한다. 오늘도 나는 손톱 밑에 까만 물을 들여가며 고구마줄거리를 다듬는다.

충청도 서천 이명숙 선생댁

모시잎송편

재료 및 분량

멥쌀가루 1kg, 끓는물 1½컵, 설탕 1/3컵, 삶은 모시잎 200g
소 : 거피팥고물 500g, 설탕 1/2컵
기름(참기름+식용유)

만드는 법

1. 모시잎은 데쳐서 잘게 썰어 멥쌀과 같이 빻는다.
2. 멥쌀가루에 끓는물과 설탕을 넣어 익반죽한다.
3. 거피팥고물에 설탕을 넣어 소를 만든다.
4. 반죽을 떼어내어 소를 넣고 송편모양으로 빚은 다음 김이 오른 찜통에 면보를 깔고 30분간 쪄 낸다.
5. 떡을 꺼내어 기름을 바른다.

Tip

- 모시잎은 따고 나면 색이 빨리 변하고 물러진다.
- 색과 향을 유지하기 위해 모시잎은 삶아 바로 냉동 시켜야 한다.
- 모시잎은 살짝 데치면 향이좋고, 푹 삶으면 색을 내는 용도로 좋다.
- 소는 여러 가지 콩을 넣어도 좋다.

마당 한편에 모깃불 피워놓고 멍석 깔고 온 식구가 둘러앉아 도란도란 이야기꽃을 피울 때면 마루에서는 어머니와 언니들은 호롱불을 벗 삼아 모시를 삼는다. 내 고향 서천군 화양은 한산 세모시가 유명한 지역과 가까워 집집마다 모시 농사를 지었다. 한여름이면 밭에 모시가 해바라기처럼 쭉쭉 자라고 그 모시대를 베어 담그고 삶아 모시를 삼고 모시잎으로는 떡을 해 먹었다. 텃밭에 심어 놓은 강낭콩과 작년에 추수해놓은 여러 가지 콩들은 구수한 소가 되고, 쌀가루와 데쳐 놓은 모시잎과 어우러지면 푸르스름한 떡 반죽이 된다. 이것들은 모시잎 개떡도 되고 예쁜 송편도 되는데 못생긴 송편은 나의 작품이었다. 아궁이에서는 장작불이 활활 타오르고 가마솥에 피어 나오는 송편 내음은 빨리 먹고 싶은 어린 가슴을 태우곤 했다. 한입 베어 물면 쫀득한 떡의 식감과 함께 떡소의 구수한 맛과 어우러져 일품인 맛 때문에 하나 먹고 두 개 먹고 배가 이사갈 정도로 먹었다.

충청도 서천 이명숙 선생댁

밀개떡

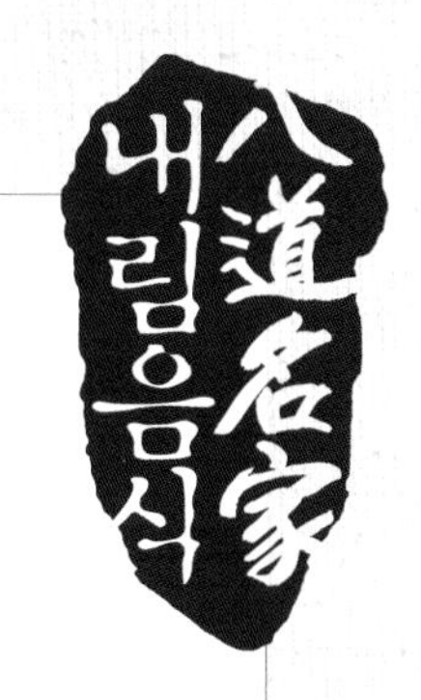

재료 및 분량

밀가루 5컵, 소금 1작은술, 간장 1큰술, 설탕 5큰술, 식소다 1큰술
물 5컵, 풋콩 200g

만드는 법

1. 밀가루를 고운체에 내린다.
2. 밀가루에 분량의 재료를 넣고 반죽해서 1시간 정도 둔다.
3. 김이 오른 찜통에 젖은 면보를 깔고 반죽을 부어, 그 위에 풋콩을 듬성듬성 얹는다.
4. 마른 면보로 싼 뚜껑을 덮고 1시간 약불로 찐다.

Tip

- 밀가루는 박력분이 좋다.
- 콩은 어떤 것도 좋고 단단하게 말랐으면 삶아서 쓰면 된다.
- 식소다 대신 이스트를 써도 좋다.
- 오래 쪄야 색, 식감이 좋다.

춥고 배고프고… 나의 어린시절 기억은 참으로 슬픈 기억이다. 지금이야 음식이 남아서 버리는 것이 많은 세상이지만, 나는 싱크대 거름망에 떨어져 나가는 쌀 한 톨도 줍는다. 어린시절 흰 쌀밥 한 번 실컷 먹는 것이 소원이었다. 지금은 쌀 걱정할 일이 없는 살림살이이지만 떨궈져 나가는 쌀 한 톨이 귀하고 소중하다. 내가 자란 충청도 서천은 내포평야가 자리 잡아 쌀농사를 많이도 지었다. 그렇지만 우리 집은 아이들이 많아 쌀은 전부 내어서 언니 오빠들의 등록금으로 쓰고 집에 남아 있는 식량은 보리나 밀가루가 대부분이었다. 어린시절 밀가루 음식을 많이 먹은 나는 지금도 밀가루 음식을 싫어한다. 하지만 밀가루를 이용하여 만든 밀개떡은 가끔 생각이 나서 만들어 먹는다. 간식이 흔하지 않았던 어린시절에 학교 갔다 돌아오면 텃밭에서 강낭콩이며 완두콩 등을 따서 밀가루 반죽에 듬성듬성 뿌려 쪄주시던 밀개떡은 세상에 어느 간식에 견주어도 손색이 없었다. 그 옛날 투박한 어머님의 손끝으로 만들어 주시던 추억의 밀개떡! 지금 사람들도 좋아했으면 좋겠다.

충청도 서천 이명숙 선생댁

엿강정

재료 및 분량

생쌀튀김 4컵, 볶은땅콩 1/2컵, 볶은콩 1/2컵, 시럽 1/2컵
시럽 : 조청 1컵, 설탕 2큰술

만드는 법

1. 생쌀을 튀긴다.
2. 냄비에 조청과 설탕을 넣고 센불에 올려 끓으면 약불로 낮추어 3분 정도 끓여 시럽을 준비한다.
3. 냄비에 분량의 시럽을 넣고 끓으면 튀긴 쌀과 볶은 땅콩, 볶은 콩을 넣고 한덩어리가 되도록 버무린다.
4. 한덩어리가 된 강정을 둥글게 혹은 네모지게 먹기 좋은 크기로 만든다.

Tip

- 시럽에 생강을 갈아 넣어도 좋다.
- 생쌀 튀긴 것보다 쌀을 삶아 말려 기름에 튀겨서 하면 더욱 고소한 맛이난다.
- 손으로 빚을 때는 손에 기름을 약간 바르면 달라붙지 않는다.
- 여러 가지 잡곡을 튀겨서 섞으면 좋다.
- 많은 양을 하여 두고 먹을 시에는 단단히 밀봉하여 보관한다.

동네 어귀에서 "뻥이요!" 소리가 나면 나는 그곳을 향하여 달려나갔다. 뻥 소리와 함께 튀겨져 나오는 하얀 쌀 뻥튀기, 옥수수 뻥튀기 등, 어린 눈으로 보는 뻥튀기는 그야말로 황홀할 지경이었다. 동네 아주머니가 튀겨 가시면서 한 움큼씩 나누어 주시는 것이 모자라 어머니의 치맛자락을 붙잡고 우리도 튀기자고 졸라댔었다. 그러면 빙그레 웃으시면서 쌀광에서 묵은 쌀이나 싸라기가 많이 섞여 있는 쌀을 내주셨다. 뻥튀기를 실컷 먹고 남으면, 눅눅해지기 전에 여러 가지 견과류를 넣고 벽장 속에 넣어두었던 조청을 조려서 뭉쳐 주셨다. 과자가 흔치 않던 그 시절에 우리가 만들어 먹던 그 맛만은 세상의 어느 과자와도 견줄 수 없는 맛이었다. 나랑 2살 터울인 오빠와 나는 콩이 많이 뭉쳐진 것을 고르느라 머리를 맞대고 서로 차지하겠다고 싸우곤 했다. 지금은 머리가 희끗희끗한 오빠와 마주 앉을 때면 왜 그리도 서로 다투었는지 추억을 더듬으면서 웃곤 한다.

충청도 서천 이명숙 선생댁

산자(馓子)

재료 및 분량

찹쌀 5컵, 소주 3큰술, 꿀 3큰술, 물 1/2컵, 전분 3컵
고물 : 세반 5컵, 검은깨 3컵, 참깨 3컵
집청 : 물엿 2컵, 조청 2컵, 생강즙 약간

만드는 법

❶ 찹쌀은 깨끗이 씻어 2주일 정도 물에 담가 골마지가 끼고 삭았으면, 맑은 물이 나오도록 깨끗이 씻은 다음 빻아 체에 내려 고운 가루를 만든다.

❷ 찹쌀가루에 분량의 소주와 꿀, 물을 넣고 골고루 섞어 김이 오른 찜통에 넣고 40분 정도 찐다.

❸ 찐 떡을 방망이로 꽈리가 일도록 친 다음, 안반에 전분가루를 뿌리고 0.5cm 정도로 편 다음 한지를 깔고 뜨거운 바닥에 놓는다. 약간 굳으면 길이 3cm, 폭 1.5cm 정도로 썰어 말려 바탕을 만든다.

❹ 팬에 식용유를 넣고 불에 올려 90℃ 정도 되면 바탕을 넣고 몸불리기한 다음, 온도를 170℃ 정도로 올려 잘 부풀어 오르면 건져서 기름을 빼 놓는다.

❺ 냄비에 물엿과 조청, 생강즙을 넣고 끓여 집청을 만들어 튀겨낸 강정에 묻히고, 고물을 묻혀낸다.

Tip

- 바탕을 너무 바짝 말리면 튀겼을 때 부드럽지 않다.
- 찹쌀가루에 물을 조금 더 넣으면 꽈리 일기는 쉬우나 말릴 때 시간이 걸린다.
- 바탕을 말릴 때 단시간에 말려야 좋다.
- 바탕을 말릴 때 자주 뒤집어 주어야 겉 말림이 없다.

항상 먹거리가 부족했던 시절, 어린아이의 간식은 고구마와 감자뿐이던 시절에 겨울이면 벽장 속에 감추어 놓은 달콤하고 부드러운 한과 맛을 잊을 수가 없다. 사랑방에 아버님 친구들이 오시면 어머니께서는 직접 담가 두셨던 술과 철에 맞는 안주를 내어 놓으셨는데, 특히나 겨울철에는 한과가 빠지지 않았다. 크고 네모 반듯한 것은 제사상에, 예쁘고 고운 강정모양은 손님상에 내놓고 깨지거나 못생긴 것은 우리들 차지가 되었다. 공부를 하면서 모양에 따라 이름이 다른 것을 알았지만 그때는 세상에 둘도 없는 과자였다. 하얀 겉옷에 달콤한 꿀과 바삭하고 고소한 한과는 입술 근처에서부터 녹아들어 단순한 맛이 아닌 행복함을 느끼게 해주고 세상 그 어느 것에 비교할 수가 없었다. 오늘날, 우리 주변에는 이보다 훨씬 다채롭고 자극적인 맛이 드는 과자가 많다. 그리하여 한국의 전통과자인 한과는 특별한 날이 아니고서야 먹지 않는 음식이 되었다. 하지만 이따금 어머니가 만들어 주셨던 그 강정이 잊히지 않는 이유는 왜일까?

충청도 서천 이명숙 선생댁

진주편(珍珠片)

재료 및 분량

멥쌀 4컵, 찹쌀 1컵, 소금 1/2큰술, 설탕 1/2컵, 물 2/3컵
노란콩고물 : 노란콩 1컵, 소금 1/4큰술, 설탕 1/4컵, 물 4큰술
녹두고물 : 거피녹두 1컵, 소금 1/4큰술, 설탕 1/4컵

만드는 법

1. 멥쌀과 찹쌀은 깨끗이 씻어 12시간 정도 담갔다가 소쿠리에 건져 소금을 넣고 가루로 빻아 체에 내려 고운가루를 만든다.
2. 거피녹두는 깨끗이 씻어 일어서 5~6시간 정도 물에 담갔다가 건져 찜통에 40분 동안 쪄 낸 다음 소금과 설탕을 넣어 고물을 만든다.
3. 노란콩은 볶아서 분쇄기에 살짝 갈아 소금과 설탕, 물을 넣어 고물을 만든다.
4. 시루에 시루밑을 깐 다음 거피녹두고물을 충분히 깔고 쌀가루를 앉혀서, 냄비에 올려 시룻번을 붙인 다음 젖은 면보를 덮고 센불에서 찐다.
5. 김이 오르고 10분정도 지나 떡이 익으면 위에 노란 콩고물을 올리고 5분 정도 더 찐다.

Tip

- 노란콩은 살짝 볶아야 색이 곱다.
- 떡을 찔 때 노란 콩고물은 나중에 넣는 것이 좋다.
- 멥쌀과 찹쌀을 반반씩 하여 떡을 만들면 차진 떡이 되니 기호에 맞게 섞는 것이 좋다.
- 녹두를 체에 내리지 않고 통으로 고물을 쓰면 녹두알이 진주 같다하여 진주고물이라 부른다.

'없는 집 제사 돌아오듯 한다'는 옛말은 먹고살기 바쁜 살림살이에 제사까지 있으니 그 살림살이가 힘이 든다는 이야기이다. 이처럼 우리집은 대식구에다가 큰집인 관계로 한 달에 한 번꼴로 제사가 돌아왔다. 제삿날이 되면 어머니는 이른 아침부터 떡쌀 담그고 고물 준비하시고 여러 가지 제사음식 만들기 바빠 종종걸음으로 이리저리 움직이신다. 하지만 나는 제사 때마다 찌는 떡을 기다렸다. 고소한 콩고물에 진주알 같은 거피녹두고물과 함께 쪄낸 떡은 어린 입맛을 돋우기에 충분하였다. 항상 시루떡을 보면서 어릴 적에 먹었던 제사떡을 그리워하며 나이를 먹었고 가끔은 손수 만들어 먹는다. 공부를 하면서 그 떡이 고 조리서에 나와 있는 떡이라는 것을 보고 반가운 마음에 내 눈을 사로잡았다. 아! 그 옛날 그 시절에 먹었던 떡이 진주편이었구나….

충청도 서천 이명숙 선생댁

흑임자 다식

재료 및 분량

흑임자 2컵, 꿀 4큰술, 설탕 2큰술

만드는 법

1. 검은깨를 깨끗이 씻어 일어서 물기를 뺀 다음 볶아서, 곱게 빻아 고운체로 친다.
2. 가루 낸 검은깨를 꿀로 반죽하여 절구에 기름이 나올 때까지 빻는다.
3. 덩어리를 만들어 수건이나 손으로 기름을 짠다.
4. 다식판에 설탕가루를 넣어 글자만 빈틈없이 채우고 위에 준비한 반죽을 박아내면, 흑백이 분명한 다식이 된다.

Tip

- 설탕은 잘 채워야 글자가 선명하게 나온다.
- 흑임자 빻은 것은 기름이 나오지 않을 때 까지 짜야 설탕이 녹지 않는다.
- 다식판은 글자가 깊고 분명하게 새긴 것이 좋다.
- 흑임자가루를 다식판에 넣을 때는 미리 다식모양처럼 동그랗게 만들어 넣는 것이 좋다.

우리집은 명절 때면 빠지지 않는 음식이 강정과 다식이다. 그 중에서 다식은 한입에 쏙 넣고 먹으면 입안에서 고소함이 퍼지는 달달함은 이루 형언할 수가 없었다. 쌀 다식, 콩 다식, 송화 다식 등 여러 가지 다식 중에서 나는 검은깨로 만든 다식을 좋아했다. 다른 종류의 다식도 만들기 힘들지만 검은깨 다식은 특히나 손이 많이 간다. 검은깨를 깨끗이 씻어 볶아내어 절구에 넣고 빻을 때면 우리 어머니 이마에 송골송골 땀방울이 맺히곤 했다. 빻고 체에 내리고를 여러 번 거치고 다시 기름을 제거하고 다식틀에 넣어 여러 가지 글자와 모양이 새겨져 나오는 것은 마치 도장을 찍어 내는 것 같이 보였다. 그리고 제사상에 올릴 다식은 아름답게 만들기 위하여 설탕으로 모양을 내는데 철부지인 나의 장난 때문에 예쁘게 박아 내놓은 다식을 망가뜨리기 일쑤였다. 물론 지금은 능숙하게 만들어 낼 수 있다.

충청도 서천 이명숙 선생댁

향설고(香雪膏)

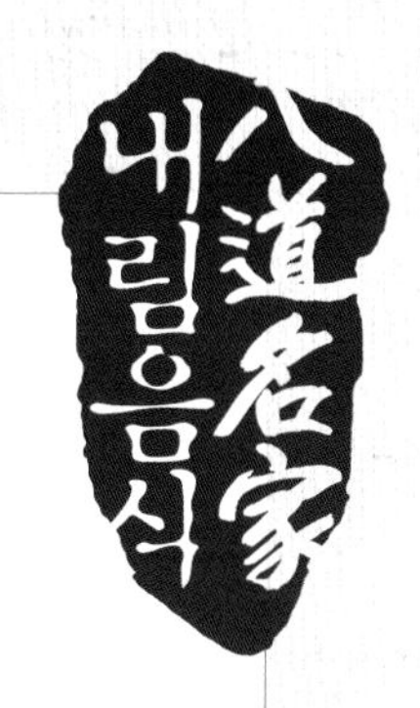

재료 및 분량

배 4개, 통후추 10g, 꿀 2컵, 물 15컵, 생강 4쪽
통계피 50g, 잣 10g

만드는 법

❶ 배는 껍질 벗겨 통후추를 박는다.

❷ 냄비에 분량의 물과 꿀을 넣고, 생강을 얇게 저며 넣는다.

❸ 냄비에 통후추를 박은 배를 넣고 센불에 올려 끓으면 약불로 낮춘다.

❹ 배의 색깔이 붉은 색이 될 때까지 3시간 30분 동안 끓인다.

❺ 계피를 넣고 30분 정도 더 끓인 다음, 잣을 띄워 낸다.

Tip

- 시고 단단한 배가 좋다.
- 계피는 오래 끓이면 떫은 맛이 나므로 나중에 넣는다.
- 약불에서 오래 끓여야 맛이 좋다.
- 향설고는 수정과보다 오래 끓이는 음료이다.

어린시절 학교에 갔다 돌아오면 책 보따리는 툇마루에 집어던져 놓고 산으로 들로 뛰어다녔다. 지금 생각해보면 참으로 천방지축이었다. 가을이면 우리 집 뒷산에는 울긋불긋 단풍과 함께 여러 가지 열매들이 많이 달려 있었다. 돌배, 도토리, 으름… 과일 중에서 신맛 나는 과일을 유난히 좋아하는 나는 시큼 텁텁한 돌배를 가장 좋아했다. 너무 많이 먹어서인지 배탈이 날 정도였다. 그렇게 좋아했던 돌배를 어머니께서는 항아리 속에 보관하였다가 맛있는 수정과 비슷한 것을 해 주셨다. 그런데 공부하다 보니 그 음식을 고 조리서인 규합총서에서 발견하였고 어릴 적 마셔왔던 음료가 생각이 나서 반가웠다. 노르스름한 빛깔의 물에 계피향이 은은하게 퍼지고 꿀을 넣어서인지 달달하며 돌배의 시큼한 맛과 어우러져서 정말 맛이 있었다.

충청도 서천 이명숙 선생댁

감식초

재료 및 분량

감 3kg, 맑은 술 1.8L, 누룩 600g

만드는 법

❶ 항아리를 깨끗이 씻어 물기를 빼고 지푸라기를 항아리 안에 넣고 태워 소독한 뒤 마른 행주로 닦는다.

❷ 감은 홍시가 되기 전 노랗게 익고 단단한 것을 깨끗이 씻어 물기를 닦은 뒤 꼭지를 떼어 낸다.

❸ 누룩을 가루내어 약불에서 마른 팬에 5분정도 볶는다.

❹ 항아리 안에 감을 넣고 하얀 곰팡이가 생기면 맑은 술과 누룩을 넣어 밀봉한 다음, 깨끗한 환경에서 보관한다.

❺ 6개월 정도 되면 맑은 식초가 위에 뜬다.

Tip

- 감은 상처가 없고 싱싱한 것을 사용한다.
- 밀봉을 단단히 하여 벌레나 이물질이 들어가지 않도록 한다.
- 식초를 다 먹으면 다시 술과 누룩을 넣으면 몇 해 동안 감을 넣지 않아도 좋은 식초를 얻을 수 있다.
- 좋은 술을 넣어야 식초 맛이 좋다.

기온이 뚝 떨어진 요즘 날씨가 옷깃을 여미게 한다. 따뜻한 차 한 잔과 함께 마루에 걸터앉아 앞마당에 버티고 서 있는 감나무를 바라본다. 제법 노오랗게 익어가는 감을 바라보며 어릴 적 어머님이 항아리에 식초를 담그셨던 기억을 떠올린다. 깨끗한 항아리를 햇볕에 말리고 솔가지를 태워 소독하고 감식초 만들 준비를 정성스레 하셨다. 어머님이 이런저런 것을 준비하시는 동안 언니들과 오빠는 장대 끝에 자루를 매달아 제일 예쁘고 단단한 감을 골라 땄다. 많은 감들 중에 적당한 것은 골라 식초를 담그시고 나머지는 소금물에 우려서 우리들의 간식으로 주셨다. 지금도 초가 들어가는 음식을 좋아하는 것도 어머님께서 손수 담그셨던 감식초를 이용하여 다양한 음식을 해주셨기 때문인지도 모르겠다. 바람 잘 드는 골방에서 식초가 익어가는 향내음은 나의 군침을 돌리기에 충분하고 나는 그 옛날 어머님의 손맛을 그리워한다.

경기도 용인

이영순 선생댁

이영순

식문화콘텐츠 연구개발원 원장

- 2010 대한민국 국제요리경연대회 궁중음식부문 문화체육관광부 장관상 수상
- 2010 전국 향토·한방음식경연대회 한방음식부문 금상 수상
- 2011 한국 전통떡, 한과 산업박람회 한과부문 농림축산식품부 장관상 수상
- 2013 대한민국 국제요리경연대회 시절음식부문 농림축산식품부장관상 수상

항아리 속에 담긴 맛과 행복

우리집 마당 한가운데에는 커다란 감나무가 있었고 그 구석 어디쯤에는 친정어머니가 애지중지하던 크고 작은 항아리들이 땅 속에 묻혀 있거나 장독대 위에 오롯이 놓여 있었다.

감꽃이 피는 5월마다 우리 5남매는 감꽃으로 목걸이를 만들어 주렁주렁 걸고 다니며 넓은 마당의 정취에 흠뻑 빠져 놀았다. 하지만 친정어머니에게 마당은 당신의 보물상자와 같은 것이어서 짓궂은 우리 형제들의 장난이 맘 편하지만은 않으셨다. 혹여 항아리들이 깨질세라 노심초사 소리치시며 우리 형제들을 단속했는데, 그때는 어머니가 왜 그토록 세계의 음식을 다 맛볼 수 있는 세상에 살면서 전통음식을 고집하고 전수한다는 것이 사실 쉬운 일은 아니다. 낡고 대중적이지 못한 것들에 대한 소비는 환영받기 어렵다는 것도 잘 알고 있다. 그러나 나는 어머니의 거친 손끝이 전해준 음식만큼은 우리가 지키고 간직해야 할 소중한 유산이라고 생각한다.

항아리와 텃밭과 감나무를 자식들 이상으로 귀하게 생각하는 것인지 알지 못했다. 그 항아리들이 우리 가족의 건강을 담보하고 어머니의 부지런한 손맛이 자식들의 안녕을 기원하는 기도이자 사랑이었음을 몰랐었다. 하지만 어린 감나무가 자라 장성하였듯 나도 어느 새 어머니를 꼭 닮은 아내와 엄마로 살아가고 있음을 요즘에 더 크게 느낀다.

어머니의 역사가 내 역사로 뿌리내리게 된 것은 그 넓은 마당의 정취와 항아리들이었다. 어머니의 손맛은 알게 모르게 내 입맛과 손맛을 길들이며 한 집안의 음식문화를 관장하며 토대를 만들게 하였다. 음식은 맛이 아니라 행복이라는 걸 알게 된 것이다.

묵을 쑤고, 조청을 만들고, 장을 담그면서 느끼는 행복이 예전 어머니가 느끼던 바로 그 행복임을 알게 되었다.

세계의 음식을 다 맛볼 수 있는 세상에 살면서 전통음식을 고집하고 전수한다는 것이 사실 쉬운 일은 아니다. 낡고 대중적이지 못한 것들에 대한 소비는 환영받기 어렵다는 것도 잘 알고 있다. 그러나 나는 어머니의 거친 손끝이 전해준 음식만큼은 우리가 지키고 간직해야 할 소중한 유산이라고 생각한다.

고향이 경상도인 어머니는 유복한 집안의 장녀로 태어나셨다. 여러 형제들 중에서도 영민함을 타고나셨는지, 공부는 물론이고 음식 솜씨와 바느질 솜씨 등 뭐 하나 빠지는 게 없을 정도로 손이 야무졌다고 한다. 외할머니를 닮아 살림 솜씨만이 아니라 자식사랑도 끔찍하셨고, 정성들여 만든 음식으로 사람들과 정을 나누는 데도 인색함이 없었다고 하는 걸 보면, 인간적으로도 훌륭한 인품을 가졌던 모양이다.

오랜 시간 불과 시간을 공들여 만든 조청은 외할머니 때부터 집안의 귀한 선물로 전해져 내려올 만큼 유명하다. 나 역시 그 솜씨를 물려받아 가끔 만들어보지만 외할머니와 어머니의 솜씨에는 못 미치는 것 같아 안타깝다. 내 입맛이 변한 것일 수도 있고, 식재료에 문제가 있을 수도 있지만 내 기억 속의 조청은 언제나 달콤하고 부드럽고 찰진 것이 가장 행복한 맛이다.

계적과 같은 약선음식들 역시 시어머니와 친정어머니라는 역사를 등에 업고 내게 전해져 왔기에 모양이든 맛이든 무엇 하나 소홀할 수가 없다. 평소에는 한없이 너그럽다가도 음식 앞에서는 소금 한줌에 눈물이 쏙 빠질 정도로 엄하셨던 두 분은 내게 더없는 인생의 스승이자 훌륭한 맛의 선구자라고 할 수 있다.

한식의 세계화와 제자 양성에 힘을 쏟고 계시는 (사)한국전통음식연구소 윤숙자 교수님, 이명숙 원장님을 통해 그동안 익혀왔던 전통음식의 체계를 다지게 된 것 또한 내게는 큰 기회이자 영광이지 않을 수 없다. 앞으로도 전통음식을 계승하며 한국의 맛과 음식문화를 세계 속에 알리는 내림음식의 명인이 될 수 있도록 부단히 노력할 것이다.

사랑하는 딸 윤이, 아들 민이가 내 손맛을 오래도록 기억하며 할머니와 어머니로 이어진 내림음식의 역사를 잊지 않았으면 싶다.

경기도 용인 이영순 선생댁

시래기밥

재료 및 분량

불린 멥쌀 2컵, 물 2컵, 들기름 1큰술
불린 시래기 양념 : 불린 시래기 300g, 맛간장 2큰술, 들기름 1큰술
깨가루 3큰술, 소금 5/1작은술, 파 1작은술
양념장 : 쪽파 2큰술, 맛간장 1큰술, 참기름 1작은술, 통깨 1작은술

만드는 법

❶ 쌀은 깨끗이 씻어 30분 정도 불리고 체에 밭쳐 물기를 뺀다.
❷ 삶은 시래기는 물기를 짠 후 3cm 정도로 썰어 시래기 양념을 넣고 조물조물 무친다.
❸ 냄비에 들기름을 두른 후 쌀과 시래기를 넣고 볶다가 물을 넣고 센불에서 끓기 시작하면 중불로 낮추어 10분 정도 끓이다가 약불로 낮추어 10분정도 뜸을 들인다.
❹ 밥은 주걱으로 골고루 섞어, 그릇에 담고 양념장과 함께 낸다.

**Tip**

- 시래기를 말릴 때는 통풍이 잘되면서도 햇빛이 직접 비치지 않는 곳에서 충분히 말리는 것이 좋다.
- 삶은 시래기를 물기가 조금 남아 있는 상태로 비닐팩에 넣어 냉동보관한다.
- 무청을 삶을 때는 소금을 약간 넣으면 빛깔이 그대로 살아 있게 된다. 탄산나트륨, 일명 '소다'는 영양소를 파괴할 수 있어 피하는 것이 좋다.
- 압력밥솥에 시래기를 삶을 때는 떠오르지 않도록 눌러서 25~30분 정도 삶는다.

추억을 담은 시래기밥

우리가 즐겨 먹는 음식 중에는 한국전쟁 이후 배고프던 시절 시래기밥은 부족한 쌀을 대신하던 고맙고도 눈물겨운 음식이었다. 지금도 여전히 건강한 먹거리로 인기가 있지만, 전쟁과 함께 어린시절을 겪은 시아버지에게 시래기밥은 추억의 음식이라고 했다. 지상 최고의 음식은 배고플 때 먹는 음식이라고 하지 않던가. 시래기를 거둬다 불린 쌀 한 주먹을 섞어 지은 시래기밥은 그야말로 밥이 아니라 생명을 살리는 약이었을 것이다. 때문에 시아버지는 시래기밥을 보면 당신의 험난한 삶이 주마등처럼 떠오른다고 했다. 음식은 때때로 한 개인의 지난 한 역사가 되기도 한다. 전쟁세대가 아닌 나로서는 전부 이해할 수 없지만, 음식하는 사람으로 맛있는 음식을 만들어 맛있는 추억으로 해 드리고 싶다. 시래기는 무청을 말린 것으로 고기와 생선 등 어떤 식재료와도 잘 어울리고 맛도 좋아 경쟁력 있는 우리 음식이라고 할 수 있다.

경기도 용인 이영순 선생댁

깻국수

재료 및 분량

밀가루 2컵, 달걀 2개, 물 2큰술, 소금 1/3작은술
깨 1$\frac{1}{2}$컵, 물 4컵, 소금 1작은술
고명 : 오이 · 달걀 · 홍고추 · 석이버섯 · 참기름 약간씩

만드는 법

1. 밀가루에 달걀과 소금, 물을 넣고 반죽하여 30분간 숙성시킨 후 0.2cm 두께로 밀어 가늘게 채 썬다.
2. 믹서기에 볶은 참깨와 물을 붓고 곱게 갈아 깻국을 만들고 소금으로 간을 한다.
3. 오이는 길이 5cm, 폭 0.3cm 정도로 채 썰고 소금에 잠깐 절였다가 물기를 닦고 팬에 살짝 볶는다. 달걀은 황백 지단을 부쳐 길이 5cm, 폭 0.3cm로 채 썰고, 홍고추도 길이 5cm, 폭 0.3cm로 채 썰어 팬에 살짝 볶는다. 석이버섯도 물에 불려 곱게 채 썰고 살짝 볶는다.
4. 냄비에 물을 붓고 센불에서 끓으면 준비한 밀국수를 넣고 5분 정도 삶은 후 냉수에 헹구어 1인분씩 사리를 틀어 채반에 담는다.
5. 그릇에 밀국수를 담고 오이, 황백지단, 홍고추, 석이버섯을 얹고 깻국을 부어 낸다.

Tip

- 참깨를 물에 씻을 때는 고운 체나 얼레미를 이용하면 편리하다.
- 깨가 익으면 위로 톡톡 튀어오르는데 많이 튀어오르면 불 끄고 잠깐만 더 볶아 주고 반드시 넓은 쟁반에 바로 펼쳐 식혀준다. 볶은 팬에 그대로 두면 남은 열에 의해 타기 쉽다.
- 보관시에는 지퍼백을 이용해 냉동 보관한다.
- 참깨는 씻은 후 볶아서 사용하는데 통째로 쓰거나 찧어서 깨소금을 만들어 쓴다.

친정아버지를 떠올려보는 깻국수

깨국수는 친정아버지가 어려서부터 드시던 추억이 담긴 음식이다.

그때 그 시절, 무엇 하나 귀하지 않은 것이 없었을 것이었으나 친할머니께서는 귀한 아들을 위해 집에서 해줄 수 있는 최선의 음식을 해주셨다고 한다.

아들에 대한 지극한 사랑이 담긴 친할머니의 깻국수는 들깻국과는 다르게 고소하고 담백해서 입에 착 감기는 음식이다. 명절 때나 돼야 기름기 있는 음식구경을 하던 시절 식물성지방이 풍부한 참깨는 식탁에서 귀한 대접을 받았다.

시험을 앞두고 있는 자식들에게 어김없이 깻국수를 만들어 합격을 기원하던 할머니의 기도가 늘 효험이 있었던 것은 아니지만, 생각만으로도 할머니의 따스한 정이 느껴지는 귀한 음식이다.

해마다 햇볕 좋은 날 골라 참깨를 일어서 말리다 보면 어디선가 고소한 할머니 냄새가 나는 것 같아 가슴이 먹먹해진다. 그리고 어느 순간, 할머니가 내 등 뒤에서 고소한 깻국수 한 그릇을 내밀며 예전처럼 환하게 웃는 것 같아 콧등이 시큰해진다.

경기도 용인 이영순 선생댁

연저육찜(軟猪肉)

재료 및 분량

삼겹살 600g(길이 15cm, 폭 5cm)
밤 5개, 은행 5개
약재물 : 물 10컵, 황기 10g, 엄나무 5g, 오가피 5g, 천궁 2g
향채 : 대파 40g, 양파 20g, 통마늘 20g, 생강 20g
조림장 : 맛간장 4큰술, 청주 2큰술, 대추 10개, 약재물 1½컵, 물엿 3컵

만드는 법

❶ 삼겹살은 핏물을 닦고 끓는 물에 5분 정도 튀한다.
❷ 냄비에 약재와 물을 붓고 1시간 정도 불려 센불에서 끓기 시작하면 중불에 40분, 약불로 낮추어 20분 정도 끓여 약재물을 만든다.
❸ 냄비에 약재물 1½컵과 분량의 조림장 재료를 넣고 중불에서 끓기 시작하면 통삼겹살을 넣고 30분 정도 조린 다음, 대추와 밤, 은행을 넣고 양념장을 끼얹어 가며 10분 정도 더 조린다.
❹ 돼지고기를 0.5cm 두께로 썰고 그릇에 돼지고기와 밤, 대추, 은행을 담는다.

Tip

- 통삼겹이 없을 경우 돼지 목살을 이용해도 좋다.
- 약재물에 인삼을 넣어도 좋다.
- 삼겹살을 삶을 때 약재물을 이용하면 돼지고기의 냄새를 없애고 건강에도 유익한 웰빙식이 된다.
- 조릴 때는 밑바닥이 두꺼운 팬을 이용하는 것이 좋다.

시간만큼이나 정성을 담은 연저육찜

연저육은 어린 돼지를 뜻하는 말로 연하고 부드러운 맛을 살린 요리이다.
궁중요리라고 거창하게 생각하기도 하지만 막상 수육에 소스를 넣고 조리는 식이라고 생각하면 쉬울 것이다. 지금은 즐겨 찾는 사람들이 많아 궁중음식이라기보다 대중음식에 더 가까워졌지만 예전에는 아주 귀해서 자주 해먹을 수 없었다.
이 요리는 친정어머니께 배운 요리로 특별한 날에만 수육과 함께 해먹던 요리다. 돼지고기를 간장 양념에 조리기 시작하면 달달한 양념 냄새와 고기 냄새가 온 집안에 퍼져 부엌을 기웃거리며 음식이 나오길 무척이나 기다렸다. 냄새부터 심상치 않은 음식이라 동네잔치를 할 수밖에 없었던 음식이 연저육찜이다.
삼겹살 소비가 세계적일 만큼 우리 식생활에서 고기는 이제 빼놓을 수 없게 되었지만, 고기요리는 품격임을 다시 한 번 생각하게 한다. 우리 조상들의 지혜와 전통이 듬뿍 담긴 연저육찜 같은 음식이 많이 소비되길 기대한다.

경기도 용인 이영순 선생댁

계적(鷄炙)

재료 및 분량

닭 1마리(1.2kg), 물 10컵
한방육수 : 양파 40g, 파 80g, 통마늘 40g, 생강 20g, 황기 15g, 오가피 10g
천궁 2g
조림장 : 대추 10개, 맛간장 6큰술, 물엿 반컵, 한방육수 5컵
고명 : 달걀 1개

만드는 법

1. 닭은 깨끗이 씻어 내장과 기름기, 날개 끝마디는 떼어내고 끓는 물에 5분 정도 튀한다.
2. 냄비에 물과 한방약재, 향채를 같이 넣고 10분 정도 끓이다 닭을 넣고 중불로 낮추어 30분 정도 끓여 닭은 건져내고 육수는 식혀서 면보에 거른다.
3. 냄비에 한방육수와 조림장을 같이 넣고 중불에서 끓기 시작하면 닭을 넣고 조림장을 끼얹어가며 10분 정도 졸인 후 약불로 낮추어 20분 정도 조린다.
4. 달걀은 황백 지단을 부쳐 2cm 정도의 마름모꼴로 썬다.
5. 접시에 닭을 담고 황백 지단을 얹어 낸다.

Tip

- 닭은 한방육수에 한번 끓이면 누린내의 제거와 기름기가 빠져 담백한 맛이 있으며 닭껍질이 탄력이 있다.
- 맛간장을 사용하지 않을 경우 진간장 3T, 청장 3T의 비율이 좋다.
- 닭은 삶기 전에 나무꼬지나 실을 이용하여 닭의 모양이 흐트러지지 않도록 고정시켜준다.
- 약재는 2시간 정도 불린다.

전통을 지켜가는 음식

갓 시집온 새댁이 가장 긴장하는 때는 명절이나 제사 때가 아닐까 싶다.

지역과 집안의 풍습과 관습이 다르다 보니 모든 일들이 낯설고 어설프고 당황스러웠다. 경상도 여자가 경기도 남자랑 결혼했으니 그 지리적 거리만큼 문화 차이도 컸다. 계적은 결혼하고 첫 제사상을 차리면서 시어머니께 배운 약선음식 중 한 가지다. 처음에는 닭 한 마리가 통째로 제사상 위에 올라가 있어 무척 놀라긴 했지만 약재를 넣어 조린 계적 맛은 새댁의 입맛을 사로잡을 만큼 훌륭했다. 시간이 흘러 혼자서도 척척 계적을 만들어 낼때 쯤, 나는 새댁티를 벗고 한 집안의 음식문화를 이끌어 가는 안주인이 되었다. 지금은 눈 감고도 계적을 만들어 제사상 위에 올려놓을 수 있을 정도로 고수가 되었지만 당황했던 당시를 생각하면 여전히 웃음이 나온다. 음식도 두 가문의 융합처럼 조화를 잘 이루어야만 꿋꿋하게 전통을 지켜갈 수 있는 법이다.

경기도 용인 이영순 선생댁

동치미

재료 및 분량

동치미 무 10개, 굵은 소금 1½컵
배 1개, 석류 1개, 유자 1개
양념 : 쪽파 300g, 갓 500g, 청각 100g, 마늘 200g, 생강 100g
삭힌 고추 300g, 홍고추 5개
동치미국물 : 물 50컵, 소금 2컵

만드는 법

1. 무는 무청과 잔뿌리를 떼고 깨끗이 씻어서 껍질 채 굵은 소금에 굴려서 하루 정도 절인다.
2. 무를 절였던 소금물에 동치미 국물을 만들어 붓고 간을 맞춘 다음 끓여 식힌다.
3. 배와 유자는 깨끗이 씻어 물기를 닦고 껍질 쪽에 나무꼬지로 여러군데 찌른다. 석류는 반으로 자르고 청각과 쪽파, 갓은 손질하여 돌돌 말아 묶고, 마늘과 생강은 편으로 썰어서 베주머니에 넣고 삭힌 풋고추와 홍고추는 통째로 준비한다.
4. 항아리에 무와 부재료를 켜켜히 넣고 맨 위에 갓으로 덮은 다음 준비한 소금물을 붓고 무가 떠오르지 않게 무거운 것으로 눌러 놓는다.

Tip

- 동치미는 입동 전후에 담그는 것이 좋다.
- 유자는 껍질에 꼬지로 꽂아서 즙이 많이 나오게 한다.
- 낮은 온도에서 서서히 익혀야 국물이 맑고 맛도 더 좋다.
- 동치미 국물에 쫄깃한 국수를 넣어 먹으면 시원한 국물맛에 소화에도 도움이 되며 입맛을 돋우는 데 좋다.

무 저장항아리

시댁 뒤뜰에는 늘 항아리 세 개가 묻혀 있다. 2개는 김장독으로 쓰고, 하나는 저장용으로 김장하다 남은 무나 배추들을 저장하는 데 쓰인다.
장독대는 예부터 그 집 안주인의 살림 솜씨를 평가하는 기준이 되기도 해서 명문가에서는 장독대를 관리하는 아낙이 따로 있을 정도였다고 한다. 한 집안의 음식 맛을 관장하는 비결이 장항아리에서 판가름나다 보니 집안의 그 어느 것보다 중요했던 것이다. 지금은 첨단과학이 만든 김치냉장고가 있어 그런 원시적인 방법을 고집할 필요 없는데, 시어머니는 오래도록 무 저장항아리를 신성시 했다.
늦은 밤 장독대 위에 정화수를 올려놓고 천지신명께 기도하는 시어머니 모습에서 나는 겸손하고 따뜻한 정을 발견하곤 했다. 코드만 꽂으면 알아서 숙성시켜주는 김치냉장고가 있지만 시댁 뒤뜰에 있는 항아리들만 할까. 땅의 기운과 하늘의 기운, 시어머니의 기도를 품고 있는 항아리는 무엇을 담아도 그 이상의 맛이 나올 것임이 분명하다.

경기도 용인 이영순 선생댁

무청김치

재료 및 분량

무청 1.5kg, 굵은 소금 $\frac{1}{2}$컵
양념 : 멸치젓 $\frac{1}{3}$컵, 찹쌀풀국 $\frac{1}{2}$컵(물 $\frac{1}{2}$컵, 찹쌀가루 1큰술)
갓 100g, 쪽파 100g, 마늘 50g, 생강 10g, 고춧가루 $\frac{1}{2}$컵, 물 $\frac{1}{2}$컵

만드는 법

❶ 무청은 다듬어서 굵은 소금물에 절인 후 깨끗이 씻어 건져 물기를 뺀다.

❷ 멸치젓은 동량의 물을 넣고 달여서 고운체에 받쳐 맑은 멸치젓국을 만들어 놓고, 냄비에 물과 찹쌀가루를 풀어 찹쌀풀국을 쑤어 식힌다.

❸ 갓과 쪽파는 다듬어서 깨끗이 씻고, 마늘과 생강은 곱게 다진다.

❹ 찹쌀풀국에 고춧가루와 갓, 쪽파, 마늘, 생강, 멸치젓국을 넣고 고루 섞어 김치양념을 만든다.

❺ 무청에 김치양념을 넣고 고루 버무려 2~3줄기씩 묶어서 타래를 만들고 항아리에 눌러 담는다.

Tip

- 무청김치는 푹 익어야 제맛이 난다.
- 멸치젓 대신에 갈치젓을 이용해도 맛이 좋다.
- 무청김치는 여리고 부드러운 가운데 부분으로 담는 것이 좋다.
- 무청김치에 감자풀을 넣어도 된다.

맛깔스런 무청김치

친정어머니는 본래부터 음식 솜씨가 좋다. 우리집에서 밥상을 받아본 손님들 중 열에 아홉은 어머니의 음식 맛을 보고 감탄사를 연발하곤 했다.
특히 김치를 잘 담가 김장하는 날이면 동네잔치를 벌일 만큼 온 동네 여자들이 모두 모였다. 어머니가 특별히 손맛을 자랑하던 김치는 흔한 배추김치가 아니라 맛깔스런 무청김치다.
무청김치는 매우면서도 단맛이 나 자꾸 끌리는 중독성 있는 김치다. 한 번은 멋모르고 어머니를 돕는다고 긴 무청을 잘라서 절였다가 그만 된통 혼났던 기억이 있다.
무청을 잘라서 절이면 무청의 단맛이 달아나기 때문에 긴 모양 그대로 절여야 한다. 하나의 팁을 알려주자면 무청의 여리고 부드러운 가운데 부분은 김치로 담그고 가장자리 큰 무청은 말려서 시래기로 만들거나 된장국을 끓여 먹으면 된다.
무청은 열무와 다르게 생김치로 먹으면 약간 쓰기 때문에 조금 시어도 깊은 맛이 난다. 재료의 원형을 그대로 살려서 음식을 해야 식재료가 가지고 있는 좋은 에너지까지 먹을 수 있다고 하셨던 어머니 말씀이 두고두고 시퍼런 무청 대처럼 날 깨닫게 한다.

경기도 용인 이영순 선생댁

비늘김치

재료 및 분량

무 6개(3kg), 굵은 소금 3/2컵, 배추 잎 6장

양념 : 미나리 25g, 갓 25g, 실파 40g, 마늘 50g, 생강 10g

멸치젓 4큰술, 고춧가루 4큰술, 새우젓 2큰술, 고운 소금 1/3작은술

만드는 법

❶ 무는 손질하여 깨끗이 씻어 길이로 2등분하고, 배추 잎도 깨끗이 씻는다.

❷ 2등분한 무 5개는 껍질 쪽에 비늘모양으로 어슷하게 칼집을 넣고 배추 잎과 함께 굵은 소금을 넣고 2시간 정도 절인다.

❸ 미나리, 갓, 실파는 깨끗이 씻어 길이 3cm 정도로 썰고 무 1개도 3cm 길이로 곱게 채를 썰고, 마늘과 생강, 새우젓은 다진다.

❹ 절여진 무는 물기를 뺀다. 준비한 부재료에 멸치젓, 고춧가루를 넣어 버무린 다음 고운 소금으로 간을 맞추고 무 비늘 사이사이에 넣는다.

❺ 절인 배추 잎으로 비늘김치를 하나씩 감싸서 항아리에 담는다.

Tip

- 동치미 무는 맛이 있고 너무 크지 않고 단단하며 무에 상처가 없는 것이 좋다.
- 무를 소금에 절였다가 칼집을 넣을 수도 있다.
- 무는 칼집을 깊이 넣고 충분히 절여야 속을 넣기가 쉽다.
- 소금물을 만들어 사용하면 절이기가 수월하다.

서로 다른 우리가 모여

비늘김치는 무에 생선 비늘처럼 칼집을 낸다하여 비늘김치라고 한다.

칼집에 소를 채운 무를 배추 잎으로 싸는 모양새는 그 정성만큼이나 예쁘고 섬세해서 친정어머니가 지금도 애정을 쏟는 김치 중 하나다.

이 김치는 친정어머니가 갓 시집온 날 시댁에서 처음으로 맛본 김치라고 한다. 일반적인 배추김치나 무김치와 달리 손이 더 많이 가 약간 번거로운 느낌이 있지만 훨씬 격식 있는 김치라고 할 수 있다.

나도 처음 비늘김치를 먹어 보고는 홀딱 반하지 않을 수 없었다. 겉은 배추김치인 듯 싶어 먹어보니 무의 아삭한 식감이 시원하면서도 구수했다.

칼집을 내어 속을 채운 무를 배추 잎에 싼 뒤 배추김치 사이에 익혀 먹는 풍습은 마치 서로 다른 삶을 살아왔지만 한 집안의 연으로 맺어져 서로를 품고 이해하며 감싸는 모습을 나타내는 듯하여 그 시절을 보낸 어머니, 그리고 한 집안의 며느리로 살아가는 나의 삶을 말하는 김치가 아닌가 싶어 더 애정이 간다.

경기도 용인 이영순 선생댁

용인오이지

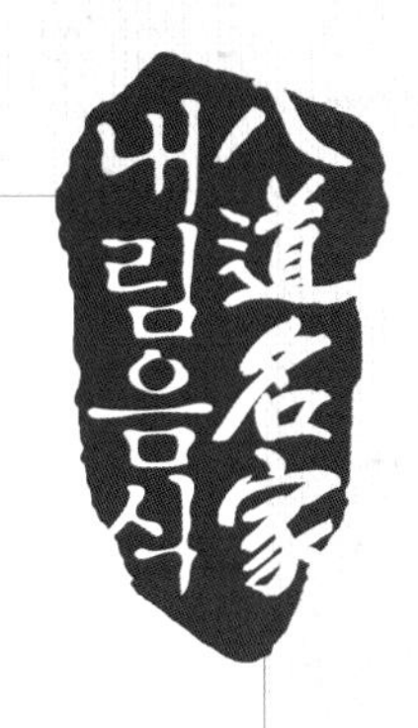

재료 및 분량

오이 20개, 물 30컵, 소금 2컵, 삭힌 산초 10g

만드는 법

1. 오이는 소금으로 문질러서 깨끗이 씻어 항아리에 담는다.
2. 냄비에 분량의 물과 소금을 넣고 끓여 식혀서 오이 넣은 항아리에 붓고 삭힌 산초를 같이 넣어준 후 오이가 뜨지 않게 잘 눌러준다.
3. 다음 날 오이를 아래 위로 바꾸어 놓고 오이 절였던 소금물은 따라내어 끓여서 식혀 붓기를 2회 더 반복한다.
4. 오이지에 끓여 식힌 물을 부을 때마다 오이가 떠오르지 않게 눌러서 10일 정도 숙성시킨다.
5. 오래 두고 먹을 때는 국물을 따라내어 다시 한 번 끓여서 식혀 붓는다.

Tip

- 오이지는 조선오이(백오이)를 담아야 맛이 좋다.
- 물은 팔팔 끓여 식혀야 저장성이 좋다.
- 산초를 넣어줌으로써 방부제 역할을 한다.
- 오이가 위로 떠오르면 물러지기 쉬우므로 아래 위를 바꾸어주면 좋다.

산초 넣은 오이지

입맛이 없을 때 오이지 하나만 있으면 밥 한 그릇 뚝딱 비울 수 있다. 별미라고 할 수 있는 용인오이지는 아삭아삭 씹히는 맛과 새콤한 맛이 특징이다.

만드는 방법도 간단해서 누구나 쉽게 도전해 볼 수 있지만, 나는 일반적인 오이지가 아닌 특별한 오이지 담그는 법을 시어머니로부터 전수받았다. 오이지에 산초를 넣는 것이다. 산초는 소화불량, 구토, 설사, 신경쇠약, 기침, 회충 구제 등에 효능이 있어 요리에 향신료로 쓰이는데, 보통 우리나라에서는 추어탕에 많이 들어간다. 후추와 비슷한 방법으로 사용되지만 후추보다 톡 쏘는 맛이 강해서 양 조절에 신중을 기해야 한다.

오이지에 산초를 넣는 까닭은 오이가 무르고 골마지 끼는 것을 방지하고 개운한 맛을 내기 위한 비법이다. 더운 여름날 찬물에 밥을 말아 오이지와 함께 먹으면 세상 어느 부자도 부럽지 않았다.

경기도 용인 이영순 선생댁

인삼수정과

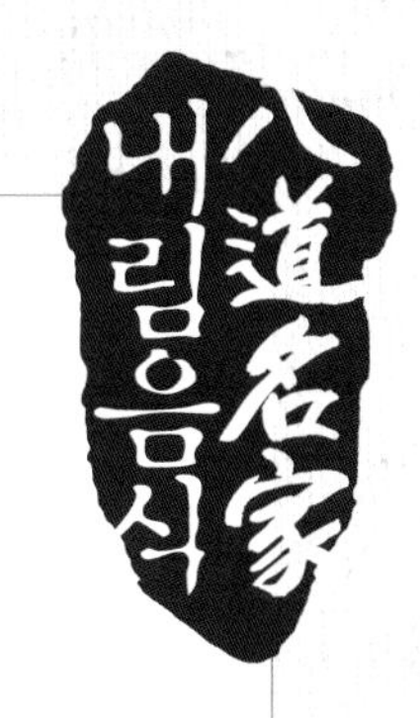

재료 및 분량

건삼 20g, 물 5컵
생강 150g, 물 10컵
계피 60g, 물 5컵
황설탕 1/2컵, 흰설탕 1컵
곶감 5개, 호두 10개

만드는 법

❶ 냄비에 건삼과 물을 넣고 1시간 정도 불려 센불에서 끓기 시작하면 중불로 낮추어 30분, 약불에서 30분 정도 끓여 거른다.

❷ 냄비에 생강과 물을 넣고 센불에서 끓기 시작하면 중불에서 30분, 약불에서 30분 정도 끓여 체에 거른다.

❸ 냄비에 계피와 물을 넣고 센불에 올려 끓기 시작하면 중불에서 20분간 끓인 후 체에 거른 다음 준비한 인삼물과 생강물, 황설탕, 흰설탕을 넣고 중불에서 10분 정도 끓여 식혀 수정과물을 준비한다.

❹ 곶감에 호두를 넣고 곶감쌈을 만들어 수정과에 띄운다.

Tip

- 각각의 재료를 끓여 혼합하는 것이 향과 맛을 더 좋게 느낄 수 있다.
- 계피는 오래 끓이면 계피 특유의 쓴 맛을 내므로 20분 정도만 끓이는 것이 좋다.
- 건삼 대신 수삼이나 미삼을 이용하기도 한다.
- 수정과에 곶감을 통으로 넣어 사용할 경우 수정과는 바로 먹는 것보다 날이 지날수록 곶감이 불어서 국물이 진하고 달콤한 맛을 느낄 수 있다.

수정과와 시어머니

시원하면서도 단맛이 나는 깔끔한 수정과가 당기는 날이 있다. 본래 따뜻한 성질을 가진 계피와 생강을 이용해 만드는 수정과는 몸 안에 축적된 알코올을 산화 배설시켜 체외로 내보내 우리 몸을 보(補)하는 정통음식이다.
거기에 면역력과 피로회복을 도와주는 인삼을 더한 인삼 수정과는 맛과 기능적 측면에서 훌륭한 음식이라고 할 수 있다.
인삼수정과는 친정어머니가 시어머니에게서 배운 음식이라고 한다. 당시는 인삼이 귀해서 주변 지인들로부터 잔뿌리를 얻어다 육수를 내어 수정과로 만드셨다고 하니 처음부터 사치스런 음식은 아니었던 듯 싶다.
그 작은 뿌리로 무슨 효력이 났을까도 싶지만 우려내고 우려낸 인삼물에 수정과를 만드시며 가족들의 건강을 생각하셨을 어머니를 생각하면 지금도 살얼음이 동동 뜬 인삼수정과 한 그릇이 눈앞에 아른거린다.

경기도 용인 이영순 선생댁

조청(造淸)

재료 및 분량

찹쌀 2kg, 엿기름가루 200g
물 20컵

만드는 법

1. 찹쌀은 깨끗이 씻어 2시간 정도 불려 고두밥을 찐다.
2. 엿기름은 물에 1시간 정도 불려 주물러 짜서 엿기름물을 만든다. 찹쌀고두밥을 넣고 잘 섞어 60℃ 정도의 온도에서 12시간 삭힌다.
3. 밥알이 동동 떠올라 말갛게 삭혀지면 베주머니에 넣고 꼭 짜서 찌꺼기는 버리고, 물을 다시 솥에 부어 센불에서 끓으면 중불에서 30분 끓이고 약불에서 5시간정도 저어 주면서 졸인다.
4. 완성된 조청은 항아리에 담아 보관한다.

Tip

- 조청이 다되어가는 시점은 작은 거품이 생기다 큰 거품이 생겨 엉기기 시작하면 거의 다 된 것으로 주걱으로 떠올려보아 똑~ 똑~ 떨어지면 불을 끈다.
- 조청의 색은 시간이 지날수록 진한 갈색이 된다.
- 고두밥을 삭힐 때 전기밥솥을 이용하면 일정한 온도를 유지할 수 있다.
- 부재료로 생강이나 대추 등을 넣어 맛을 내기도 한다.

어머니의 모습이 담긴 조청

지금은 쉽게 꿀을 구할 수 있지만 몇 십 년 전만 해도 꿀은 대단히 귀한 물건이었다.

하여 집에서 쌀이나 수수, 고구마 같은 식재료로 조청을 만들어 먹었다. 그것도 큰 명절이 돌아오거나 집안에 대사가 있을 때만 만들었기 때문에 찬장 속에 숨겨둔 조청단지는 늘 불안했다. 집안 식구들 누구도 조청단지의 유혹으로부터 자유롭지 못해서 찬장 주변은 항상 흘린 조청으로 끈적거렸다.

큰 무쇠 솥에 오랫동안 불을 지펴 만들어야 하는 음식이라 귀할 수밖에 없었다. 불길이 너무 세도 안 되고 약해도 안 되는 일이라 조청을 만드는 날 어머니는 아궁이 앞에 꼼짝없이 붙들려 있어야 했다. 그렇게 오랜 시간 어머니의 뜨거운 정성과 은근한 불길로 만들어진 조청이 반질거리는 옹기에 담겨 누군가의 손에 들릴 때는 서운하기까지 했다. 함부로 할 수 없는 음식이기에 그 가치를 아는 사람에게 먹여주고 싶은 까닭이다. 단 음식이 몸에 해롭다는 이유로 꺼리는 사람들이 많아졌지만, 조청은 설탕과 달리 자연식품에 가깝다. 오랜 시간 어머니의 매운 눈물과 시간과 자식에 대한 사랑이 졸여지고 농축되어 만들어진 까닭이다.

경상도 대구

장영해 선생댁

장영해

장영해 건강기능음식연구원 원장

- 2011 제천한방바이오박람회 전국한방음식경연대회 대상 수상
- 2012 한국음식관광박람회 궁중음식부문 국무총리상 수상
- 2012 KFTC 한국음식 전시 궁중음식부문 금상 수상
- 2012 향토식문화대전 테이블세팅부문 경기도지사상 대상 수상
- 2013 전주비빔밥축제 디저트부문 장관상 수상

내 고향 대구는……

나고 자란 내 고향 대구는 일찍이 섬유가 발전한 도시이다.

나는 섬유공장을 하시던 아버지의 맏딸로 태어났다.

어머니 역시 경상북도 왜관의 사과농사를 짓는 집의 맏딸이셨다.

경상도 토박이 라는 말이 딱 맞는 환경에서 자랐다.

어릴 적 우리집은 늘 손님들로 북적였다.

학교갔다 가방메고 집에 들어오면서 "다녀왔습니다"보다는 "안녕하세요"를 했던 어린시절 …늘 손님이 계셨기 때문이다.
항상 부엌에서는 맛난 음식이 준비되고 있었고 자연스럽게 접대하는 상차림에 익숙한 분위기에서 자랐다.

어머니께서 손님들이 좋아하시는 음식을 정성껏 준비하셔서 정갈하게 담아 요술같이 한상 가득 내오시는 모습을 보면서 지금도 우리는 엄마의 맛있는 음식 냄새가 나는 것 같다.

사업하시는 아버님과 대식구 속에서 자라 훗날 결혼을 하고 조용한 시댁 분위기가 어색하게 여겨졌던 기억이 있다.

우리 시댁은 친정과 같은 고향 경상도

우리 시댁은 경상북도 군위가 고향인 역시 경상도 집안인데 독실한 기독교 가문으로 목사님과 선교사님이 배출된 가정이다
외국생활을 많이하셔서 그런지 식문화가 서양의 것과 섞여서 먹어 보지 못한 음식이 많았고 내가 생각하기에 자연스럽게 한국음식과 서양음식이 어우러져 식구들 입맛에 맞게 만들어 먹곤 했다.

 훗날 아이들을 키우면서 우리집이 딱 내가 자랄 때의 친정의 모습을 닮아 있다는걸 알았다.

동네 또래의 아이를 키우는 아줌마들의 쉼터가 되어 있었던 것이다.
아이를 키워본 사람들은 모두가 공감하듯 통제가 안 되는 아기들을 데리고 밥 한끼 먹는 것조차 힘들 때 식당이라도 갈라치면 스트레스가 더 큰 그 시절 비슷한 또래의 엄마들은 늘 우리집에 모여 아이들 마음대로 풀어 놓고 베갯머리 송사도 하고 시댁 얘기도 하고 누구랄 것도 없이 함께 무 덤벙덤벙 썰어 넣고 갈치도 부글부글 지져 먹고 어제 시댁에서 온 것이라며 들고온 홍시를 베어물고 아이 입에도 넣어 주면서 늘 그렇게 시끌벅적 지내며 아이들을 키웠다.

내 스승님 윤숙자 교수님을 만난 그 날을 아직도 기억한다.
나의 팬이자 친구이자 식구처럼 지내던 아줌마들을 뒤로하고 첫 기차를 타고 연구소로 향하던 그날을 아직도 잊지 못한다.

첫 기차를 타고 연구소로 향하던 날

(사)한국전통음식연구소의 윤숙자 교수님의 단아한 모습을 보면서 예쁘고, 맛있는 떡을 만들고 정갈한 전통음식, 음청류와 정과를 예쁘게 만들어서 우리들과 우아하게 시식을 하는 모습이 교수님의 제자를 사랑하는 마음을 더 깊게 느끼게 하였다. 항상 제자들을 걱정하고 같이 하는 모습을 뵐 때마다 깊을 정을 느끼게 된다.

우리집에 자주 오시는 선교사님들과 외국손님에게 제대로 된 한국음식으로 대접하고 싶다는 마음에서였다. 한 석달간 주 1회 서울을 다니겠노라 가족들에게 동의를 구하고 나섰던 그 길이 지금의 이 자리까지 온 시작이었다.

 첫 걸음은 몇 가지 전통음식을 배워야지였지만 교수님의 가르침과 이끄심으로 전통음식 전반의 모든 음식을 배우고 익혀 전통음식연구가라는 이름을 가질 수 있게 되었다.

 아직도 더 배우고 나아가야 할 길이 멀기만 하지만 지금 이 순간 순간이 감사이고 행복이다.

경상도 대구 장영해 선생댁

우뭇가사리콩국수

재료 및 분량

우뭇가사리 30g, 삶는 물 1L
대두 1컵, 물 2컵, 소금 1/2작은술
콩 가는 물 : 1컵

만드는 법

1. 우뭇가사리는 찬물에 불린다. 물을 충분히 흡수한 우뭇가사리를 잘 비벼 씻는다.
   냄비에 우뭇가사리와 물을 붓고 센불에서 끓으면 약불로 줄여 무르도록 푹 끓인 다음 고운체에 받쳐 굳힌다 .
2. 콩을 물에 6시간 정도 불리고 불린 콩의 2배의 물을 붓고 7분 정도 끓인다.
3. 믹서기에 삶은 콩과 콩 삶은 물을 넣고 곱게 간다.
4. 굳힌 우뭇가사리를 어래미에 눌러 내려 우뭇가사리 채를 만들어 준비한 콩국물을 붓는다.

Tip

- 우뭇가사리는 충분히 불려서 삶는다.
- 콩을 덜 삶으면 비린내가 나므로 비린내가 나지 않고 살캉거릴 정도로 삶고, 또 너무 오래 삶으면 메주 냄새가 나니 삶는 시간을 잘 지켜야 한다.
- 콩은 완전히 불린다.

땀이 송글송글 맺히는 더운 여름날 어머니 손을 잡고 시장을 나가면 자배기에 큰 얼음 한덩이가 둥둥 떠 있는 노오란 콩국물에 자꾸만 눈이갔다. 그러면 어머니는 걸음을 멈추시고 한 그릇 사서 내게 먼저 먹이시고 어머니도 후루룩 들이마셔 더위에 지친 목마름을 해결하셨다. 그릇 안에는 국물 말고 투명하고 쫄깃한 것이 함께 들어있었는데 그것이 우무인 것은 나중에야 알게 되었다. 아주머니는 어머니와 내가 보는 앞에서 우무 한덩이를 마술 부리듯 국수처럼 내려 주셨는데 콩국 안에 들어가서는 꼬물꼬물 거리는게 마치 올챙이처럼 보이기도 했다. 시원한 콩국물 한 그릇이면 무거운 시장가방도 거뜬히 들고 집으로 돌아가기에 부족함이 없었다.

경상도 대구 장영해 선생댁

돼지고기가죽수정회법

재료 및 분량

돼지껍질 1.2kg
물 6L, 후추 5g, 초장

만드는 법

1. 돼지껍질을 기름과 털을 깨끗이 제거한다.
2. 냄비에 물과 돼지껍질을 함께 넣고 푹 고아 껍질이 무르면 껍질은 꺼내어 체에 내리고 국물은 따로 준비한다.
3. 준비한 국물에 체에 내린 돼지껍질을 넣고 다시 푹 고은 다음 후추를 넣는다.
4. 그릇에 부어 굳힌 다음 썰어 초장과 함께 낸다.

Tip

- 5시간 이상 무르게 고아야 체에 쉽게 내릴 수 있다.
- 높이가 낮은 그릇에 부어 굳혀야 먹기 쉬운 크기로 썰기 쉽다.
- 잔털이 많으면 석쇠에 올려 그을려야 맛이 있다.
- 생강과 마늘, 파, 양파 등 향채를 같이 넣고 삶아도 맛이 좋다.

코 끝이 찡하게 시린 겨울엔 종종 마당 장독대 위에는 시어머님이 막 고아내린 돼지껍질이 곱게 어려지고 있었다. 처음 시집가서는 신기하여 손으로 콕콕 눌러보기도 하고 자꾸 들여다보기에 바빴지만 잘 어려굳어 묵처럼 썬 것을 입에 쏙 넣어주시면서 맛이 어떠냐고 묻는 어머님의 얼굴은 호기심으로 가득하셨다. 남편과 어머님은 겨울이면 자주 해드셨다고 해서 어머님께 잘 배워보려고 알려달라고 하였다. 돼지껍질을 푹 고아 향신채를 곁들여 굳히기도 하고 작은 종지마다 부어 조그맣게 모양을 내서 손님상 차림에 올리기도 하는데 이때 초장을 곁들이면 더욱더 맛있게 먹을 수 있다고 일러주셨다.

경상도 대구 장영해 선생댁

오징어문어절육

재료 및 분량

마른오징어 2마리, 피문어 1마리
조림장 : 청장 1큰술, 진간장 3큰술, 엿 1큰술
참기름 2큰술, 물 2컵

만드는 법

❶ 오징어는 2시간, 문어는 8시간 정도 찬물에 불린다.
❷ 불린 오징어는 껍질을 벗기고 다리는 빨판을 떼어내고 깨끗하게 손질한다. 문어도 빨판을 떼어낸다.
❸ 오징어 다리부분을 몸통에 가지런히 놓고 김밥 싸듯 꼭꼭 말아 무명실로 촘촘하게 감는다.
문어의 머리 속에 다리를 말아 넣고 다리가 나오지 않게 무명실로 단단히 감는다.
❹ 조림장이 끓으면 준비한 오징어와 문어를 넣고 센불에서 끓으면 중불로 낮추어 2시간 정도 졸인다.

Tip

- 문어는 작은 피문어가 적당하다.
- 졸인 절육은 식혀서 실을 풀어야 하며 식은 후에 썰어야 모양이 흐트러지지 않는다.
- 오징어의 껍질 쪽을 위로 놓고 말아야 풀어지지 않는다.

내가 자란 경상도에는 잔치음식에 빠지지 않고 마른 오징어나 문어를 물에 불려 꼼꼼하게 실로 감아 간장에 윤이나게 졸이는 절육을 올리는데 모양뿐 아니라 맛 또한 일품이라 안주로도 손색이 없어 술상에도 꼭 곁들여진 음식이다. 어린시절 흥겨운 잔치가 있는 날이면 할머니께서는 절육을 만들기 위해 마른 오징어를 물에 불려 준비하셨는데 나는 그 모습만 봐도 그저 좋았다. 간장에 달큰하게 졸여지기까지 시간이 왜 그렇게 더디 가는지…우리 동네 어느 집이든 잔치가 있는 곳엔 이 절육을 상에 올리는 것을 보았다. 시댁에서도 절육을 만들어 드셨는데 만드는 방법이 친정과 같았다.

경상도 대구 장영해 선생댁

군수조림

재료 및 분량

군수 12개
조림장 : 간장 1컵, 청주 1/2컵, 물엿 1/3컵, 설탕 1/3컵, 참기름 1큰술
생강즙 약간

만드는 법

1. 군수는 배부분에 길게 칼집을 넣고 내장을 꺼낸 다음 굵은 소금으로 문질러 깨끗하게 씻는다.
2. 군수는 2cm 폭으로 썰어 놓는다.
3. 군수를 꼬지로 꽂아 고정시킨다.
4. 냄비에 조림장 재료를 넣고 끓여 손질한 군수를 넣고 윤기나게 졸인다.

Tip

- 군소는 군수라고도 하며 해산물이다.
- 군수를 꼬지에 2~3개씩 끼워 졸여도 좋다.
- 군수가 싱싱할 때는 회로도 먹을 수 있다.
- 군소는 군수의 방언이다.

잔치가 있는 날이면 마당 한가득 전 지지는 냄새와 맛있은 음식 냄새, 이야기 소리, 웃음 소리가 가득해 내 맘을 설레게 하였는데 이러한 잔치보다 더 내 마음을 설레게 한 것은 집에서 이바지 음식이 나가는 날이었다. 짭조름한 조림음식을 유난히 좋아했던 나는 절육이나 해산물 조림이 반들반들하게 조려져 있는 것을 보면 침을 꼴깍 삼키며 자투리가 나오길 기다렸다 집어먹고는 했는데 그 중에 새까맣게 생긴 군수조림의 맛은 아주 독특해서 지금도 잊을 수가 없다. 잔치음식에 빠지지 않고 상에 올려졌던 군수는 숙취에 탁월하고 향이 입안에 오래 머물며 청정한 바다에서만 서식하는 귀한 재료이다.

경상도 대구 장영해 선생댁

도라지전(정과)

재료 및 분량

도라지 1kg, 엿 500g, 물 2L

만드는 법

1. 도라지는 깨끗이 씻어 껍질을 벗긴다.
2. 껍질 벗긴 도라지를 쌀뜨물에 1시간 정도 담가 쓴맛을 뺀다.
3. 냄비에 물과 도라지를 넣고 중불에서 15분 정도 삶은 다음 도라지 삶은 물은 남기고 도라지는 건져 물에 헹구어 물기를 뺀다.
4. 냄비에 엿과 도라지 삶은 물을 넣고 엿이 녹으면 준비한 도라지를 넣어 약불로 3시간 졸인다.

Tip

- 도라지 삶을 때 이쑤시개로 찔러서 들어가면 익은 것이다.
- 도라지 삶을 때 반드시 찬물부터 삶아야 터지지 않는다.
- 조릴 때는 중간 중간 수분을 보충해 준다.
- 도라지가 너무 굵은 것은 심이 있어서 정과용으로는 적당하지 않다.

어릴 적 할머니를 따라 뒷산에 오르면 양지 바른 곳에 심어져 있는 도라지를 캐서 내려오곤 했는데 할머니께서는 도라지는 3년은 키워야 먹을 만한 크기로 자란다며 항상 말씀해 주시곤 하셨다. 잔뿌리가 많은 것을 캐시면서 "이 놈이 좋은 것이다" 하시며 흡족해 하시곤 하였다. 도라지는 깨끗이 씻어 채반에 올려 가을 바람에 말려서 밤이면 천식으로 힘들어하시는 할아버지의 약으로도 쓰이고 꿀에 졸였다가 말렸다를 반복해서 귀한 손님이 오시거나 할아버지 밥상에 후식으로 몇 조각씩 올리시던 도라지전을 만들기도 하셨다. 똘망한 눈으로 바라보는 귀한 손녀 입에도 쏙 넣어 주시던 할아버지… 아직도 쌉싸름하고도 말강거리던 달달한 도라지 맛이 혀 끝에 감도는 듯 하다.

경상도 대구 장영해 선생댁

배추전

재료 및 분량

배추 잎 10장
메밀가루 100g, 밀가루 20g, 소금 1/4작은술, 물 2컵

만드는 법

❶ 배추 잎은 두꺼운 줄기부분은 얇게 저며 손질한다.

❷ 끓는 물에 소금을 넣고 배추 잎을 살짝 데친 뒤 찬물에 헹군다.

❸ 메밀가루에 밀가루를 섞어 물과 소금을 넣고 약간 묽게 반죽을 한다.

❹ 배추 잎의 앞뒤로 반죽을 입혀 달구어진 팬에 식용유를 두르고 노릇하게 지져낸다.

Tip

- 데친 배추 잎은 물기를 제거해야 반죽이 흘러내리지 않는다.
- 반죽은 질어야 배추전이 부드럽고 맛있다.
- 배추 잎에 밀가루를 살짝 뿌리고 반죽을 입혀도 된다.
- 무도 얇게 썰어 삶아서 같은 방법으로 해도 된다.

시장 좌판엔 전을 부치는 집이 참 많았는데 그 앞을 지날 때마다 기름 냄새가 코 끝에 맺히곤 했다. 어머니 손을 잡고 나선 시장은 어떤 놀이동산보다도 재미나고 신기한 것이 많았는데 전집 앞엔 늘 사람들로 북적거려 호기심을 자극하기에 충분했다. 모든 전이 다 맛있었지만 어머니는 배추전을 특별히 좋아하셨다. 배추전을 시켜 손으로 쭉 찢어 돌돌말아 한입 가득 넣고 맛나게 드시던 모습이 기억에 남는다. 가을이면 배추를 뽑아와 밀가루를 묽게 개어 배추 잎을 푹 담궈 기름을 넉넉히 두룬 팬에 지져내면 푸른잎은 푸른잎대로 맛이 있고, 줄기는 줄기대로 달큰한 맛이 나는 것이 오후의 출출함을 달래기에는 그만이었다.

경상도 대구 장영해 선생댁

가죽장아찌

재료 및 분량

가죽나뭇 잎 1kg

양념장 : 찹쌀풀 1컵, 물엿 1컵, 고운 고춧가루 1/2컵, 고추장 1컵

만드는 법

❶ 가죽나무의 연한 잎을 잘 씻어 소금물에 살짝 절여 채반에 널어 겉만 말린다.

❷ 냄비에 준비한 찹쌀풀과 물엿을 넣고 센불에 2분 정도 끓여 식힌다.

❸ 준비한 찹쌀풀에 고추장과 고춧가루를 넣고 잘 섞는다.

❹ 준비한 가죽 잎에 양념장을 켜켜로 바르고 항아리에 담아 눌러 놓는다.

Tip

- 가죽은 부드러운 잎부분을 쓴다.
- 소금에 절인 가죽은 꾸덕꾸덕하게 바람에 말려야 물이 생기지 않는다.
- 일주일 정도 숙성시킨다.
- 억센 가죽 잎은 살짝 데쳐서 사용한다.

외가집 담장따라 가죽나무가 몇 그루 있었다. 독특한 향이 나는 나뭇잎은 경상도 지방에서는 흔한 먹거리인데 봄이면 연한 나물이 쌉싸름한 향이 입맛을 돋우고, 부침개로도 지져 먹기도 하고, 잘 다듬어 고추장에 박아두면 더운 여름 입맛 없을 때 꺼내어 우물에서 퍼올린 서늘한 물에 식은 밥을 말아 밥숟가락에 척 얹어 먹으면 어느새 밥공기는 비워져 있었다. 가죽장아찌는 할머니께서 만드신 것이 으뜸이었는데 내가 비법을 물어보니 고추장도 맛이 있어야 하지만 가죽을 잘 골라야 한다고 하셨다. 가죽의 연한잎만을 골라 담아내야 맛있게 먹을 수 있다고 하셨는데 지금 우리집 냉장고에는 그때의 맛을 간직한 장아찌가 담겨져 있다.

경상도 대구 장영해 선생댁

고사리약식

재료 및 분량

찹쌀 5컵, 소금물(물 1/2컵, 소금 1/2작은술)
양념 : 황설탕 1컵, 진간장 3큰술, 계핏가루 1/2작은술
대추고 5큰술, 꿀 3큰술, 참기름 3큰술
고명 : 대추 10개, 밤 10개, 잣 2큰술, 불린 고사리 200g

만드는 법

❶ 찹쌀을 깨끗이 씻어 3시간 정도 충분히 불려 건져 물기를 뺀다. 찜통에 젖은 면보를 깔고 20분 정도 찐 다음 소금물을 훌훌 끼얹고 주걱으로 위 아래를 잘 섞어 40분 정도 더 찐다.

❷ 밤은 껍질을 벗기고 2등분하고, 대추는 돌려깎아 4등분하고 불린 고사리는 2cm 길이로 썬다. 잣은 고깔을 뗀다.

❸ 찐 찰밥이 뜨거울 때 그릇에 쏟아 황설탕, 설탕, 계핏가루, 진간장, 대추고, 꿀, 참기름을 넣어 고루 섞는다.

❹ 밤과 고사리, 잣, 대추를 넣고 잘 버무려 볼에 담는다. 찜기의 물이 끓으면 넣고 2시간 정도 중탕시킨다.

- 찹쌀을 고슬고슬하게 쪄내야 한다.
- 고사리를 너무 길지 않게 해야 한다.
- 찜기의 물을 계속 보충시킨다.
- 견과류를 찰밥에 넣을 때는 양념을 넣고 잘 버무린 다음에 넣는다.

시집와서 낯설게 느낀 음식 중의 하나가 약식이었는데 흔히 우리가 먹는 약식에 고사리를 넣는 것을 보고 신기했던 기억이 있다. 친정에서는 약식에 땅콩을 넣어 고소한 맛을 더했는데 시댁에서는 고사리가 빠지지 않고 들어가는 것이었다. 찹쌀을 고슬고슬하게 쪄서 간장, 흑설탕 등의 양념과 밤, 대추, 잣 등의 견과류를 넣은 다음 손질한 고사리를 길지 않게 잘라 함께 넣어 중탕해서 만든 약식은 어릴 적 친정에서 흔히 먹었던 맛과는 전혀 다른 향과 깊이가 있었다. 살균효과가 뛰어나고 칼슘이 풍부한 고사리를 약식에 넣어 먹는 것이 경상도 지방의 향토음식이다.

경상도 대구 장영해 선생댁

송피떡(松皮餠)

재료 및 분량

찹쌀 500g, 송피 80g, 삶는 물 2컵, 소금 1/2큰술, 설탕 3큰술, 물 2큰술
고물 : 거피팥고물 2컵, 소금 1/2작은술
소 : 잣 50g

만드는 법

1. 소나무 속껍질을 벗겨 3~4일 정도 물에 담근다.
2. 솥에 송피와 물을 붓고 센불에 올려 8시간 이상 삶는다.
   깨끗한 물에 2~3일 동안 담가 계속 물을 갈아 주면서 쓴맛과 냄새를 뺀다.
3. 찹쌀과 송피에 소금을 넣고 방아에 빻아 가루로 만들어 설탕을 넣고 버무려 시루에 찐 다음 설탕을 넣고 꽈리가 일도록 친다.
4. 반죽을 메추리알 크기로 떼어 잣 소를 넣고 반달 모양으로 만들어 거피팥고물을 묻힌다.

Tip

- 삶은 송피는 깨끗한 물로 갈아 주면서 우려내야 쓴맛과 냄새가 제거된다.
- 반죽을 충분히 쳐 주어야 노화가 더디며 쫄깃하다.
- 송피의 양에 따라 물의 양을 3배 이상 붓고 푹 무를 때까지 삶는다.
- 송피를 말렸다가 가루로 빻아 사용할 수 있다.

소나무의 속껍질을 삶아 우려 말린 가루를 쌀가루와 섞어 찐 떡으로 은은한 소나무 향이 그대로 살아 있어 운치가 더없이 좋고 〈도문대작〉에도 이름이 기록되어 있을 만큼 알려진 떡이었으나 조선 말엽부터 자취를 감추어 버려 잘 만들어지지 않고 있는 떡이다. 더구나 지금은 소나무 껍질 채취가 불법이라 송피떡을 제대로 해 먹기는 어려운데 이 떡을 기억하는 할머니께 배워 외가 소유의 산에서 직접 채취한 송피를 가지고 몇 날을 우려내고 삶고 해서 직접 만들어보니 그야말로 솔향이 가득하고 고급스러운 맛이 일품이었다. 자세히 기록해 두고 훗날 며느리에게도 꼭 전해주고 싶은 귀한 떡이다.

경상도 대구 장영해 선생댁

호박떡

재료 및 분량

멥쌀가루 3컵, 소금 1작은술
고물 : 붉은 팥 1컵, 소금 1작은술, 물 5컵
호박오가리 120g

만드는 법

❶ 팥을 깨끗이 씻어 냄비에 넣고 물을 부어 센불에서 3분 정도 끓여 팥 삶은 물을 따라 버린다. 다시 냄비에 물을 붓고 40분 정도 팥알이 터지지 않을 정도로 삶아 소금을 넣고 찧는다.

❷ 호박오가리는 물에 씻어 불려 3cm 길이로 자른다.

❸ 쌀가루에 소금과 물을 넣고 고루 비벼 체에 내린 다음 준비한 호박오가리 넣고 골고루 섞는다.

❹ 시루에 시루밑을 깔고 팥고물 1/2을 편편하게 넣고 준비한 쌀가루를 앉히고 윗면을 팥고물로 골고루 펴서 놓고 센불에서 15분 정도 찐다.

Tip

- 호박오가리는 물에 담궈두면 맛이 빠지므로 찬물에 씻어 건진다.
- 팥을 삶을 때 센불에서 3분 정도 끓여 팥 삶은 물을 버려야 떫은 맛이 없다.
- 팥은 푹 삶지 않는다.
- 팥 시루떡은 설탕을 넣지 않아야 담백하다.

겨울이면 팥을 넉넉하게 삶아 갈무리 해 둔 호박오가리를 살짝 불려 떡을 만들어 먹었는데 그 맛을 잊을 수가 없다는 남편.

남편은 경상도 군위에서 어린시절을 보냈는데 시어머니께서 호박떡을 쪄 주시는 날이 최고로 기쁜 날이었다고 한다.

역시 그 비슷한 방법으로 경상도 외관인 나의 외가에서도 호박떡을 만들어 먹곤 했다. 남편도 나도 경상도에서 자랐기 때문에 같은 떡을 먹고 자란 것이다.

훗날 호박떡을 좋아하는 남편을 위해 넉넉하게 떡을 쪄서 온 식구와 맛나게 먹곤 했다.

아이들은 거피팥을 올려 쪄 주면 더 좋아했는데 두 가지 방법 모두 호박과 아주 잘 어울리니 맛과 영양이 풍부한 우리네 먹거리이다.

1900년대 고조리서 〈조선요리제법〉을 보면 그 내용이 상세하게 나와 있다.

시댁에서 해 드셨던 방법과도 같은 내용이다.

"청둥호박 오가리를 한 치 길이로 잘라 물에 씻어… 팥을 가루가 보이지 않도록 뿌리고 …"

우리 시댁에서 해 드셨던 그 호박떡이 고조리서에 그대로 나와있음을 보면서 나 역시 내림음식을 그대로 기억하고 보존해야겠다는 생각을 한다.

충청도 보령
천재우 선생댁

천재우

천재우 명가내림음식연구원 원장

- 2008 세계관광음식박람회 궁중부문 금상 수상
- 2010 세계요리경연대회 북한음식부문 보건복지부장관상 수상
- 2011 대한민국 국제요리경연대회 전통주부문 농림축산식품부장관상 수상
- 2012 대한민국 국제요리경연대회 문화체육관광부장관상 수상
- 2013 한국관광음식박람회 농림축산식품부장관상 수상
- 2013 전주비빔밥 축제 전통음식부문 장원

나 어릴 적에……

산과 바다가 있는 작은 도시 보령 읍내에 내가 태어나고 자란 집이 있다. 동네에서 "딸 부잣집"이나 노란 대문의 "고모부네 집"으로 알려져 있는 우리집은 부모님의 사랑이 지극하시고 딸이 많다보니 대문 밖을 나갈 때와 들어오는 시간이 정해져 있을 정도로 엄격했다.

그런 딸 부잣집의 둘째인 나는 늘 호기심이 가득한 소녀였다. 어머니가 음식을 만들 때나 집안에 큰 행사가 있어 식구들이 모여 잔치음식을 만들 때면 늘 그 옆을 지키면서 잔심부름을 하며 양념을 덜어주고 같이 음식 간을 보기도 하고 할머니 댁에서 술을 담으면 이것저것 질문을 하며 그 옆에서 구경하던 기억이 가득하다. 고추장을 담그던 어머니의 모습과 무쇠 솥에 엿을 고으면 작은 그릇에 엿을 담아 구경을 하며 먹던 그 맛을 잊을 수가 없다.

상업을 하던 아버지 덕분에 우리집 창고에는 연탄이 가득했다. 그 옆 장독에는 장, 장아찌류 그리고 단무지가 가득했고 볏짚 켜켜이 감을 넣어 익히고 톱밥에 밤을 재워두어 먹었으며 또한 센베 공장을 하시는 아버지 지인 분 덕분에 항상 먹을 것이 풍족했다. 겨울이면 아버지가 장작불을 때고 그 숯을 꺼내어 석쇠를 달구어 고기를 올리고 그 고기에 소금을 뿌려 드시던 모습이 생각난다. 육류를 좋아하는 언니와는 달리 어린 우리는 고기보다 채소를 더 좋아했고 그 때문인지 고기 구울 때는 고기가 먹기 싫어 그 자리를 피하고 그로 인해 어른들께 혼났던 기억도 많다. 가끔 가족끼리 모이면 어렸을 때 얘기를 하며 그 추억에 잠기곤 한다.

그 첫걸음

직장생활을 하던 중 취미생활로 시작한 강좌에서 전문적인 요리를 처음 접하였고 새로운 무언가를 알아간다는 것에 큰 호기심을 느끼며 첫발을 내딛었다. 혼자 배운 요리를 복습해 보기도 하고 동생들에게 맛있는 음식을 해주며 맛있다는 진심어린 얘기를 듣게 되면서 더욱더 이 세계에 빠져들게 되면서 깊이 있는 공부를 시작하였다. 그러다 문득 상업으로 고생하시던 아버지를 위해 늘 정성어린 마음으로 음식을 준비하시던 어머니의 모습이 생각났다. 그런 부모님의 모습을 보고 자라서인지 음식을 업으로 삼은 것이 아닐까 싶은 생각이 든다.

요리를 배우며 한식조리사 시험을 응시하면서 우리나라 전통음식에 큰 관심을 보였다. 더욱 큰 지식을 얻기 위해 방황하던 중 윤숙자 교수님을 만나게 되었고 그로 인해 새로운 길을 걷기 시작했다. 처음 접해보는 폐백음식, 처음에는 낯설고 어색했지만 윤숙자 교수님의 가르침을 받으며 점차 그 매력에 빠져 들게 되었고 폐백음식뿐만 아니라 전통음식, 궁중음식, 떡과 한과, 시절음식, 그리고 전통주까지 더 다양하고 넓은 분야를 접하며 깊이를 더해갔다.

전통주의 매력 속에서 나를 외치다

음식 공부를 하면서 하게 된 전통주, 그 매력은 이루 말할 수 없었다. 담그는 횟수, 밑술의 방법, 물과 누룩의 양, 그리고 숙성시키는 기간에 따라 새로운 맛과 향을 내는 전통주를 알게 되면서 전통주의 진정한 모습에 조금씩 다가가고 있다. 전통주는 단순한 술만으로 우뚝 서는 것이 아니고 같이 공부했던 전통음식과 궁중음식 등과 궁합을 맞추며 어우러진 상차림을 만들어 내며 조화를 이루어 낸다. 마치 나 혼자 우뚝 서는 것이 아니라 주변에 많은 이들의 도움으로 이 자리에 설 수 있었던 나를 보는 듯 했다.

만남, 그리고 변화

윤숙자 교수님을 만나며 내 지식의 깊이와 생각에 많은 변화가 있었다.

윤숙자 교수님의 가르침은 내가 원하던 맛, 모양, 색, 그리고 정성이 담겨 있다. 또한 항상 온화한 미소와 긍정적인 마음을 배웠고 그것이 내가 만드는 음식과 내가 빚는 술을 더욱 빛을 발하게 하는 것 같다.

윤숙자 교수님의 뜨거운 열정은 지금까지 요리만을 바라보고 온 나에게 감명을 주었고 내가 이 자리에 우뚝 설 수 있게끔 해주신 고마운 나의 멘토이시다. 부드럽고 단아한 윤숙자 교수님을 보면 일찍 돌아가신 어머니의 모습이 보인다. 엄하셨지만 늘 우리를 사랑과 정성으로 아껴주셨던 어머니의 마음을 윤숙자 교수님께 느끼고 있다.

이 책을 내며 내가 걸어온 길을 돌아보았다. 가족들과의 즐거웠던 시간, 처음 요리를 접했던 그 감동, 요리를 배우던 열정– 그 모든 것이 지금의 나를 만들어 왔다. 처음 요리를 배우던 그 마음과 열정으로 나의 길을 완성시키고 싶다.

충청도 보령 천재우 선생댁

양송이해물찜

재료 및 분량

양송이 큰 것 8개
참기름 1작은술, 소금 1/8작은술, 녹말 3큰술
마 100g, 새우 150g, 청주 1큰술
양념장 : 간장 1/8작은술, 다진파 1큰술, 다진마늘 1작은술
생강즙 1/2작은술
설탕 1작은술, 후춧가루 1/8작은술, 청양고추 1개

만드는 법

1. 양송이버섯은 깨끗이 씻어 기둥을 뗀다.
2. 새우는 손질하여 끓는 물에 청주를 넣고 데쳐 0.5cm 정도로 썬다.
3. 마는 손질하여 새우와 같은 크기로 썬 다음 양념장을 넣고 버무린다.
4. 양송이버섯 머리 안쪽에 참기름을 바른 후 소금과 녹말을 살짝 뿌린 다음 ③의 준비한 재료를 얹는다.
5. 김이 오른 찜기에 준비한 양송이버섯을 넣고 7~8분 정도 찐다.

Tip

- 양송이는 갓이 안으로 오물어 들은 것을 준비한다.
- 새우를 너무 많이 데치면 살이 단단해져서 좋지 않다.
- 찜기에 넣고 너무 오래 찌면 양송이 모양이 흩트러 진다.
- 술안주와 핑거 푸드 음식으로 잘 어울린다.

내가 살던 곳은 성주산이 유명하다.
지역에서 양송이 재배를 많이 해서 고기를 구워 먹을 때는 항상 석쇠 위에 양송이가 같이 있었다. 양송이에 고인 물은 귀한 물인양 서로 다투어 먹으려 했고, 구워 먹을 때 소금과 참기름을 넣어서 먹곤 했다.
엄마는 양송이찜을 잘하셨다.
새우나 오징어도 데쳐서 넣고 마와 연근도 같이 버무려서 양송이 위에 올려서 찜을 해서 별미로 먹곤 했다. 버섯은 쫀득거리고 해물의 달콤한 맛과 잘 어우러져서 손님이 오시면 엄마는 양송이찜을 해서 대접하곤 하셨다.
양송이의 동그랗고 예쁜 모습은 우리 엄마의 얼굴을 닮은 것 같다. 동글동글^^

충청도 보령 천재우 선생댁

간재미찜

재료 및 분량

간재미(중) 1마리 500g, 청주 1큰술
양념장 : 고춧가루 1/2큰술, 간장 1큰술, 마늘 1/2큰술, 설탕 1/2큰술
물 1큰술

만드는 법

❶ 싱싱한 간재미를 깨끗하게 손질하고 체반에 널어 2일 정도 잘 말린다.

❷ 찜통에 물을 넣고 센불에 올려 끓으면 김이 오른 찜기에 간재미를 넣고 청주를 뿌려 김이 오른 후 10분 정도 찐다.

❸ 양념장을 만든다.

❹ 찐 간재미를 모양이 흐트러지지 않게 접시에 담고 양념장을 고루 바른다.

Tip

- 말린 간재미는 비린내가 나지 않는다.
- 간재미의 점액을 면보로 깨끗이 없애야 비린내가 나지 않는다.
- 완전히 말린 간재미는 약한 소금물에 담구어 불린다.
- 젤라틴이 풍부해서 피부미용에 좋다.

나의 고향은 충남 대천이다.
우리는 바닷가와 가까이 있어서 생선이나 해물이 풍부했다. 난 지금도 해물을 무척 좋아한다. 주위에서 넓적한 간재미를 가져오면 부모님이 담근 막걸리에 간재미를 썰어 양념을 하고 채소를 썰어넣고 무쳐 안주로 먹고, 살짝 말려서 찜을 해서 먹곤 했다.
난 해물류와는 다르게 생선류를 좋아하지는 않는다. 비린내가 나는 것이 싫기 때문이다. 그러나 언니는 식성이 좋아서 뭐든지 잘 먹어서 부모님이 좋아하셨다.
찜을 찌면, 잘 먹는 언니는 항상 넓은 날개 같은 쪽을 차지하였고, 어머니께서 먹기 좋게 썰어서 주면 맛있게 먹던 언니의 모습이 떠오른다. 지금은 조금은 먹지만 비린내 나는 생선은 아직도 좋아하는 편은 아니다.

충청도 보령 천재우 선생댁

장어구이

재료 및 분량

손질한 장어 900g, 생강 10g
장어뼈 삶을 물 : 장어뼈와 머리 100g, 생강 저민 것 1톨, 물 3컵
장어양념장 : 간장 1컵, 청주 1/2컵, 설탕 3큰술, 물엿 2큰술
마른고추 1개, 마늘 5쪽
통후추 10알, 장어 삶은 물 1컵

만드는 법

1. 손질한 장어를 면보에 올려 핏물과 핏기를 뺀다.
2. 냄비에 물과 손질한 장어 뼈와 머리, 생강 저민 것을 넣고 센불에서 30분 정도 푹 끓여 체에 걸러 장어육수를 만든다.
3. 끓인 장어육수에 장어양념장을 넣고 끓여서 장어소스를 만든다.
4. 장어를 오븐에 넣고 초벌구이한 다음 장어소스에 장어를 넣고 센불에서 조린 다음 약불로 낮추어 윤기나게 조린다.

Tip

- 장어는 물에 씻으면 흙냄새가 난다.
- 장어는 회색빛이 돌고 1kg에 3~4 마리가 좋다.
- 구이를 할 때 껍질 쪽이 먼저 구워지도록 한다.
- 생강채와 곁들여 먹으면 생강의 향 때문에 장어가 더 맛이 있다.

우리 외삼촌은 민물장어 치어를 키우셨다. 난 어려서 아주 가는 실 같은 것이 꼬물거리는 것과 산소기를 넣은 것을 많이 봤다. 조금 크면 색이 약간 짙은 색으로 변하였다.
아빠는 식구들이 육류를 좋아하지 않으므로 외삼촌댁에 가셔서 장어를 사오셨고, 장어탕이나 장어구이를 해서 먹이곤 하셨다. 처음에는 안 먹는다고 하였지만 아빠의 눈치를 보면서 장어고추장구이를 먹었지만 장어 맛이 아닌 양념 맛으로 먹었던 생각이 난다.
지금은 강장식품으로 알려져서 가끔 먹지만 어려서 부모님이 구워준 장어구이가 많이 그립다. 장어와 생강을 꼭 먹어야 한다며 어린 우리에게 먹이던 부모님의 자식 사랑의 깊음을 느낀다.

충청도 보령 천재우 선생댁

감장아찌

재료 및 분량

감 말랭이 1kg
양념장 : 진간장 2컵, 고추장 1컵

만드는 법

❶ 용기에 감 말랭이를 넣고 감이 잠길 정도로 진간장을 채우고, 감 말랭이가 간이 들도록 2~3일 정도 재운다.

❷ 준비한 감 말랭이와 고추장을 볼에 담고 고추장이 잘 묻혀지도록 버무린다.

❸ 단지에 준비한 감을 담고 용기에 담고 일주일 정도 숙성시킨다.

❹ 먹기 직전에 꺼내어 먹기 좋게 썰어 깨소금과 참기름을 넣고 무쳐서 그릇에 담아낸다.

Tip

- 곶감도 가능하며 너무 작게 썰지 않는 것이 좋다.
- 용기에 넣고 꼭 눌러서 공기를 빼고 숙성시킨다.
- 씹히는 맛이 좋고 쌈이나 고기와 같이 먹어도 좋다.
- 간장을 부었을 때 용기의 반쯤 올라 올 수 있는 그릇을 준비하면 골마지가 생기지 않아 좋다.

호랑이도 좋아한다는 곶감.
외가댁은 우리집과 가까운 곳에 있었다.
엄마는 친정이 가까운 거리에 있으니, 외가에서 사시사철 나는 과일과 좋은 먹거리가 있으면 유독 외할머니를 챙기셨다.
외가는 대추나무와 감나무 큰 것이 두 그루씩 있었다.
감은 수확해서 좋은 것만 곶감으로 말려서, 제사나 큰일에 사용하시고 나머지는 감말랭이를 만들어서 떡이나 감장아찌를 만드셨다. 감짱아찌를 만드는 날이면 우린 감말랭이의 단맛을 보고 싶어서 외할머니와 엄마가 만드시는 옆에 쭈그리고 앉아 감장아찌의 맛을 보았다. 감의 단맛과 짭짤한 맛의 장과 어우러져 손님이 오시면 참기름과 깨를 듬뿍 넣어서 묻혀 내셨다.
지금도 그 맛은 머릿속에 깊숙이 새겨져 입안에 침이 고인다.

충청도 보령 천재우 선생댁

술지게미무장아찌

재료 및 분량

절인 무 5개(1kg)
양념 : 술지게미 1kg, 소금 100g

만드는 법

1. 술을 거르고 남은 지게미를 꼭 짜 놓는다.
2. 술찌게미에 소금을 넣고 버무려 놓는다.
3. 무를 길게 4등분한 다음 준비한 무의 수분이 50% 정도 남도록 말린다.
4. 항아리 밑에 술지게미를 깔고 무와 술지게미를 켜켜로 놓고 마지막에 술지게미로 덮어서 밀봉한 다음 한 달 정도 숙성시켰다가 먹는다.

Tip

- 술을 담고 나온 지게미를 이용하며 지게미의 수분은 적은 것이 좋다.
- 짠무에 은은한 술 향이 배어서 맛이 좋다.
- 염도가 있어 오래 보관이 가능하다.
- 무 대신 덜익은 참외를 이용해도 좋다.

우리 아버님은 고향이 이북이시다. 부지런하시고 경우가 무척 밝고 부모님을 이북에 두고 오셔서 어르신들 공경을 잘하셔서 동네에서는 친절한 고모부로 소문이 났다. 상업을 하셔서 사는 형편이 좋았기 때문에 우리집은 항시 손님이 많았다.
어린 맘에 어른들이 오면 우린 인사를 드리고 방으로 갔다. 항시 많은 손님들이 오시니 술대접을 많이 하게 되고, 집에서 가양주를 담는 솜씨는 소문이 났고 남자분들이 많이 오셨다, 특히 아버지의 손님이 대부분이었다.
엄마는 술을 담고 나온 지게미에 무를 담가 놓았다가 대접을 하였고, 지게미에 여러 가지 재료의 절임류를 넣어 광에 두고 때가 되면 꺼내어 반찬으로, 또한 술안주로 묻혀서 내었다. 어린 우리들은 냄새가 난다고 고개를 돌리던 생각이 난다.
광에 가면 여러 개의 항아리와 과일 상자, 술독이 항상 자리를 하고 있었다.

충청도 보령 천재우 선생댁

목련주

재료 및 분량

밑술 : 멥쌀 1kg, 누룩 100g, 주모 600mL, 물 1.2L
덧술 : 찹쌀 2kg, 물 1.5L, 목련 15g

만드는 법

밑술

❶ 멥쌀은 깨끗이 씻어 물에 5시간 정도 담갔다가 건져 물기를 빼고 가루로 빻아 끓는 물을 넣어 범벅을 만들고 식힌다.

❷ 식은 범벅에 누룩을 넣고 잘 버무려 용기에 담고 23~25℃ 정도에서 발효시킨다.

덧술

❶ 찹쌀은 깨끗이 씻어 물에 5시간 정도 담갔다가 건져 물기를 빼고 김이 오른 찜기에 40분 정도 쪄서 채반에 펼쳐 식힌다.

❷ 식힌 고두밥에 밑술을 넣고 잘 버무려 23~25℃ 정도에서 20~30일 정도 발효시킨다.

❸ 체에 내려 냉장보관하여 청주를 만든다.

Tip

- 담금 후 24시간 후부터 하루에 두 번 정도 잘 섞어주기를 5일간 한다.
- 여름철은 높이 올라가는 품온을 주의해야 한다.
- 위에 맑은 술이 고이면 채주를 한다.
- 채주 후 냉장보관을 한다.

우리집 대문은 노란색이었고, 아버지는 노란색을 무척이나 좋아하셔서 여기 저기 노란색이 많이 있던 편이다.
딸 6명인 딸 부자집이었으나 노란대문 집, 목련나무 집으로 알려져 있었다.
목련이 흐드러지게 피면 우린 목련향이 좋아서, 꽃이 예뻐서 그 나무 밑에서 놀았던 생각이 난다. 엄마는 목련을 이용해서 술을 빚곤 하셨다.
향이 너무 좋아서 술이 익을 때, 꽃향기와 술 냄새가 진동을 했다.
어린 우리는 광을 열 때마다 광에서 나는 냄새에 코를 막으면서 "아이 냄새야" 하고 인상을 찌푸리곤 했다. 엄마는 아빠의 손님이 오시면 반주로 목련주를 내 놓으셨다. 지금 목련을 보면 엄마의 정이 느껴진다.

충청도 보령 천재우 선생댁

송순주(松荀酒)

재료 및 분량

밑술 : 멥쌀 1kg, 누룩 160g, 물 1.2L
덧술 : 찹쌀 3kg, 누룩 50g, 물 3.5L, 송순 50g

만드는 법

밑술

❶ 멥쌀은 깨끗이 씻어 물에 5시간 정도 담갔다가 건져 물기를 빼고 가루로 빻아 끓는 물을 넣어 범벅을 만들어 식힌다.

❷ 식은 범벅에 누룩을 넣고 잘 버무려 용기에 담아 실온 23~25℃에서 3~4일 후 덧술을 준비한다.

덧술

❶ 찹쌀은 깨끗이 씻어 물에 5시간 정도 담갔다가 건져 물기를 빼준다.

❷ 김이 오른 찜기에 불린 쌀과 송순을 넣고 올려 40분 정도 고두밥을 쪄서 채반에 펼쳐 차게 식힌다.

❸ 식힌 고두밥에 밑술을 넣고 잘 버무려 술독에 담는다.

❹ 실온 23~25℃에서 20일 정도 발효시킨다.

 **Tip**

- 밥을 찌고 5분 정도 뜸을 들였다가 사용하면 더욱 좋다.
- 술이 익어도 맑은 술이 위에 고이는 것이 없으면 송순이 떠서 그러니 중간에 맑은 술이 고인 것을 확인 후 걸러준다.
- 송순은 솔잎이 나기 전의 것을 사용해야 향이 좋다.
- 쌀 씻기를 잘해야 술이 맑고 탁함이 적다.

외가댁은 과실나무 이외에도 소나무, 무화과 등 여러 가지의 나무가 집안과 뒤편에 있어서 수확할 때 가면 맛있는 과실류를 많이 먹었다.
할머니는 봄이 되면 소나무의 새순이 올라오면 외삼촌을 시켜서 송순을 따오라 하셨고, 술을 담글 준비를 하셨다. 엄마를 쫓아서 할머니댁에 가면 술밥을 해놓고 큰 항아리를 여러 개 내어서 항아리를 씻던 모습을 많이 보았다.
술밥을 작은 손으로 집어서 먹으면 쫀득하고 맛있게 느끼던 것이 지금도 생각이 난다. 쌀을 깨끗이 씻고 솥에 한 번 쪄서 지에밥과 누룩과 송순을 한참 주무른 후 씻은 항아리에 큰 바가지로 넣는 것을 보고 왜 나무를 넣을까 생각을 하곤 했다.
지금 생각하면 솔 향의 맑은 냄새이지만, 그때는 이상해서 어떠한 약을 만드는 줄 알았다. 엄마도 할머니에게 배워 인진쑥으로 엿도 만들어서 아빠에게 드리고, 매운 식혜 등 건강에 좋다는 것은 많이 해서 식구들에게 주었다. 어린 우리는 좋다하여 먹고 싶어서 달라고 하면 약이라 하면서 어른들만 먹었던 기억도 든다.

충청도 보령 천재우 선생댁

송엽주(松葉酒)

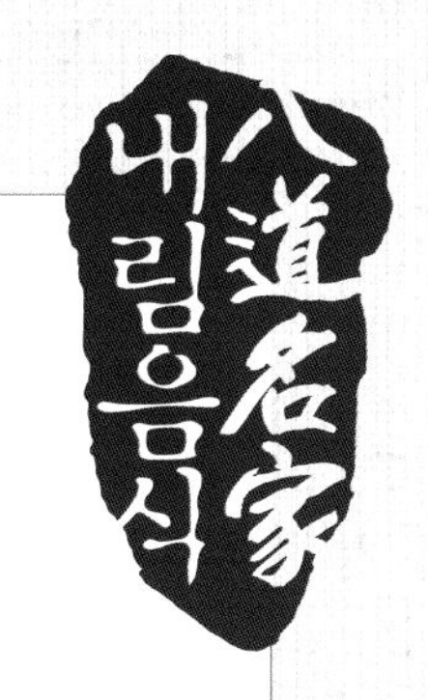

재료 및 분량

밑술 : 멥쌀 1kg, 누룩 2kg, 물 1.2L

덧술 : 찹쌀 2kg, 물 2L, 송엽 10g

만드는 법

밑술

❶ 멥쌀은 깨끗이 씻어 물에 5시간 정도 담갔다가 건져 물기를 빼고 가루로 빻아 범벅을 만들어 식혀준다.

❷ 식은 범벅에 누룩가루를 넣고 잘 버무려 용기에 담아 23~25℃에서 3~4일 정도 발효 후 덧술을 준비한다.

덧술

❶ 찹쌀은 깨끗이 씻어 물에 5시간 정도 담갔다가 건져 물기를 빼고 김이 오르는 찜기에 고두밥과 송엽을 넣고 40분 정도 찌고 채반에 펼쳐 식힌다.

❷ 식힌 고두밥에 밑술을 넣고 잘 버무려 술독에 담고 실온 23~25℃에서 20일 정도 발효시킨다.

Tip

- 솔잎은 밥을 찔 때 같이 넣고 찌기도 한다.
- 솔잎을 끓는 물에 달여서 찌꺼기를 버리고 달인 물을 사용해도 좋다.
- 범벅을 버무릴 때 많이 버무려 주는 것이 술 발효에 도움을 준다.
- 술을 발효할 때 잡균이 들어가는 것을 막기 위해 항아리 뚜껑을 닫아주면 좋다.

아버지는 이북사람이시라 인척이 많이 없으셨다.
먼 친척으로 고모와 고모부만 계셨고 오빠 둘이 있었다.
아버지는 동네 어르신들에게 무척 잘 하셨고, 우리집은 시골 동네에서 텔레비전을 가장 먼저 샀다. 그래서 저녁시간만 되면 동네분들이 구경을 오셔서 모여 있곤 했었다. 마루에 텔레비전을 내 놓고 마당 넓은 곳에 어르신들이 자리를 잡고 있었다. 부모님은 솔잎이 들어 있던 항아리에서 뽀얀 탁주를 꺼내어 한 잔씩 드리곤 했다. 술을 드시고 기분 좋게 노래도 부르고 잠시나마 텔레비전으로 즐거운 시간을 보내고 하셨다. 여자들이 많던 우리집은 아빠 손님이 많아 술이 항상 있었다.
엄마는 힘이 들어도 술을 항상 담그셨고, 또한 식사도 아빠가 오셔야만 준비를 하였다. 그만큼 아빠에 대한 배려이고 사랑하셨던 같다.
식사와 같이 솔 냄새가 나는 뽀얀 탁주도 상 위에 올리시는 엄마는 정성을 다해서 상을 차렸고 받으시던 아빠나 우리는 행복하였다.

충청도 보령 천재우 선생댁

하향주(荷香酒)

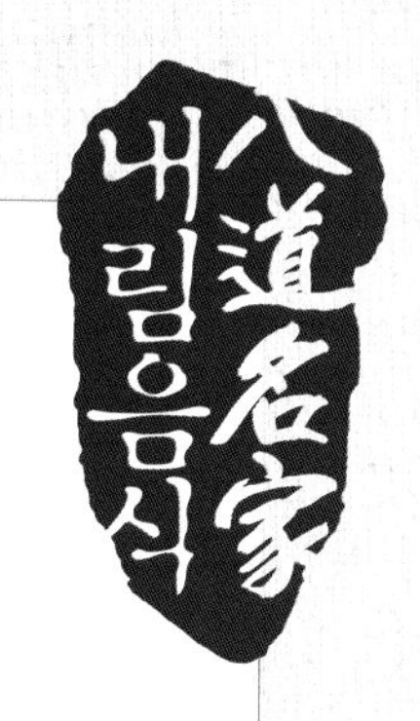

재료 및 분량

밑술 : 멥쌀 400g, 누룩 100g
덧술 : 찹쌀 4kg, 물 2L

만드는 법

밑술

1. 멥쌀은 깨끗이 씻어 물에 5시간 정도 담갔다가 건져 물기를 빼고 가루로 빻아 구멍떡을 만들어 식힌다.
2. 식은 떡에 누룩을 넣고 잘 버무려 용기에 담아 23℃~25℃에서 3~4일 발효시킨다.

덧술

1. 찹쌀은 깨끗이 씻어 물에 5시간 정도 담갔다가 건져 물기를 빼고 김이 오르는 찜기에 고두밥과 송엽을 넣고 40분 정도 찌고 채반에 펼쳐 식힌다.
2. 식힌 고두밥에 밑술을 넣고 잘 버무려 술독에 담아 23~25℃에서 20일간 발효시킨다.

Tip

- 담금 후 24시간 후부터 하루에 두 번 정도 잘 섞어주기를 5일간 한다.
- 구멍떡을 끓는 물에 완전히 익혀 건진 후 한 덩이가 되게 잘 풀어준다.
- 쌀가루를 익반죽 시 너무 질게 하면 삶을 때 떡이 풀어진다.
- 7일 후부터는 15℃ 정도의 낮은 온도에서 발효시키면 술의 맛과 향이 더 좋다.

연꽃의 향기가 난다해서 하향주라고 한다. 우리집에서도 단내가 많이 나고 과일의 향기가 술독에서 무척 많이 난 것을 하향주라 하였다. 맑은 술이 고이면 엄마는 맑은 술을 떠서 외가집에 가져다가 외할아버지의 반주로 갔다드리곤 했다. 외할아버지는 항상 "네가 가져온 술이 제일 맛나구나" 하시면서 기뻐하시던 모습을 나는 여러번 보았다. 가을이 되면 빨간 대추를 할아버지가 한 그릇 가득 따서 동생들과 먹으라고 주시곤 했다.

충청도 보령 천재우 선생댁

향온주(香醞酒)

재료 및 분량

밑술 : 멥쌀 1kg, 향온곡 300g, 물 1.2L
덧술 : 찹쌀 2kg, 멥쌀 2kg, 물 2.5L

만드는 법

밑술

1. 멥쌀은 깨끗이 씻어 물에 5시간 정도 담갔다가 건져 물기를 빼고 가루로 빻아 끓는 물을 넣고 범벅을 만들어 식힌다.
2. 식은 범벅에 누룩을 넣고 잘 버무려 용기에 담아 실온 23~25℃에서 3~4일간 발효한다.

덧술

1. 찹쌀과 멥쌀은 깨끗이 씻어 물에 5시간 정도 담갔다가 건져 물기를 빼고 김이 오른 찜기에 40분 정도 쪄서 채반에 펼쳐 식힌다.
2. 식힌 고두밥에 밑술을 넣고 잘 버무려 술독에 담아 실온 23~25℃에서 20일 정도 발효시킨 후 사용한다.

Tip

- 보리와 녹두로 만든 향온곡을 사용한다.
- 물을 적게 쓰는 술이므로 3~5일 정도는 25~27℃에서 발효하고 20~23℃에서 추가 발효하면 좋은 술이 된다.
- 맑은 술을 거르고 냉장보관 후 사용한다.

옛날에 궁에서 빚은 술이라고 한다. 또 약으로도 마시던 술이다. 녹두로 누룩을 만들어서 술을 빚는다. 외가댁 할머니네 가면 외할머니는 밀을 맷돌에 타고 계셨다. 난 그 옆에 앉아서 맷돌 위에 밀을 조그만한 손으로 올린 기억이 난다. 누룩틀에 밀기울과 녹두를 갈아서 비빈 다음 넣고 짚과 솔잎을 깔고 누룩을 띄운 것을 보았다. 누룩과 쌀을 잘 버무려서 항아리에 넣고 며칠이 지나면 술이 고이고 맑은 술을 떠서 약주를 만드셨다.

외할머니는 항상 외할아버지와 외삼촌의 기력이 약해 보이신다며 원기를 회복시키기 위해 향온주를 빚으셨다. 난 그 옆에서 보면서 왜 향온주를 마시면 원기 회복이 되는지 몰랐다. 내가 커서 빚어 먹어보니까 정말 기운이 나는 것 같고, 맛과 향이 너무 좋았다.

찾아보기

우리전통의 뿌리깊은 맛

팔도명가 내림음식

2014년 1월 10일 초판 1쇄 발행
2014년 7월 10일 초판 2쇄 발행

지은이 | 윤숙자 외
펴낸이 | 진욱상 · 진성원
펴낸곳 | 백산출판사
등록 | 1974. 1. 9. 제1-72호
주소 | 서울시 성북구 정릉로 157(백산빌딩 4층)
전화 | 02)914-1621, 02)917-6240
팩스 | 02)912-4438

http://www.ibaeksan.kr
editbsp@naver.com

ISBN 978-89-6183-814-6 93590

값 25,000원